旅のつづきは田舎暮らし

僕とカミさんの定年後・南会津記

岡村健

イラスト　岡村　綾

はじめに

転勤がつきものの新聞記者生活を続け、各地を引っ越して歩きながら結婚し、子どもを育て、親を看取り、という暮らしを続けた。家族もそういう生活を面白がったし、二、三年に一度、違った土地に移り住むのはとても新鮮で楽しかった。家探しや、子どもの学校など、悩ましい事柄もあったけれども、初めての都市への転勤が決まって、「どんなところ?」と地図を買ってきて眺めるときめきは家族みんなが共有した。文字通り「人生は旅」と受け容れていた。

さて、定年が近づいてそれから先をどこで暮らすのか。親も転勤族であったから、何かの跡を継ぐとか、郷里に帰らねばならぬといったしがらみはまるでない。神奈川県茅ヶ崎市にマンションを買った。海が近い。気候は温暖。東京にも近い。絵に描いたような定年退職者の住まいだ。それが、定年直前に福島県南会津郡田島町の針生地区という山里に家を建てて移ってしまった。

きっかけは、たまたま新聞の田舎暮らしのページを担当し、取材に来て気に入ってしまったのだから、無計画というほかあるまい。我ながら行き当たりばったりだなあ、とも思った。だが、満六年を過ぎた今は、来るべくしてここに来たんだと感じている。

何に引き寄せられたのか。一言でいえば「自然」。しかし「豊かな自然に囲まれた暮らしを求めて」という感じではない。もっと手応えのある、荒々しい息づかいの中に身を置きたかった。来る日も来る日も雪が降る冬、圧倒的な木々の緑や蟬の声に囲まれる夏、そういうもののある場所に。

思えば、少年時代は自然に取り囲まれていた。東京だって、杉並、世田谷なんかは農家がたくさんあったし、敗戦直後に移り住んだ新潟市は県庁所在地といっても、住宅地の砂利道は砂丘の起伏をなぞっていた。その道をたどり、ランニングシャツ姿で下駄をならして海に出かけて終日遊んだ。夏休みの終わりごろ、波は荒くなり、波頭を崩す風の音に秋のにおいを感じた。田舎暮らしの取材に歩くうち、かつて体の中にしみ込んだ感覚、そこに回帰したいという衝動が呼び覚まされたに違いない。

ためらいが一つあった。山々に抱かれた村は自然の宝庫であると同時に、その破壊の現場でもあるからだ。首都圏に住んでいれば気づかずにすむものを、山が伐られ、川が掘り返され、渓流がコンクリートの堰堤でずたずたにされるのを目の前に見なければならない。それに耐えられるだろうか。

結論の出しようのない問いだったけれど、一度目覚めた衝動を抑えることはできなかった。来てみれば予想した以上に、公共事業という名の土木工事が身のまわりに張り巡らされている。農業は年々縮小し、林業に至っては山に入る人さえほとんどいない。それなのに、林道、農道、砂防ダム、圃場《ほじょう》整備などの計画があちこちにある。公共事業見直しや予算の抑制で止まっていても、景気刺激策とか緊急雇用対策とかの名目がつくと、とたんに重機が動き出す。

腹が立ち、無力を感じて嫌になる。だが、僕を元気づけてくれるのは、流れを変えようとする人たちがここにもいて、さまざまに活動をしていることだ。その一人、日本野鳥の会南会津支部の渡部康人さんは林野庁のブナ原生林伐採を二〇〇二年の五カ年計画から外させる画期的な運動を成功させた。これには僕なりの役割も担った。変化も見えてきた。砂防ダムや大規模林道の工事に携わり、それで食っている人たちでさえ「あの工事はやめさせなくてはいけない」と言う。矛盾が限界点に達して、地殻変動が起きるかもしれない。

過疎高齢化はやはり深刻だ。僕が来た一九九八年、田島町の人口は一万四〇七八人、高齢化率（六五歳以上の人口の割合）は二四・〇％だった。それが二〇〇四年六月には一万三一四〇人、二八・四％になった。針生地区は人口六七〇人が五八七人である。このまま地方の町や山村は消えてゆくのか。あきらめの中で現状維持にすがる無気力が町を覆っていた。

ところが、二〇〇四年七月の田島町長選挙で大番狂わせがあった。有力国会議員の後ろ盾を持つ現職町長を、「自分たちの手で町をつくり直そう」と訴えた新顔が破ったのだ。湯田芳博さん。友人の一人、ひたむきに町の将来を考え続けてきた人である。これも一大変化の始まりではないか。

こんなふうにして、僕の田舎暮らしは、自然に浸って五感を解放するのに始まったが、それだけではおさまらなかった。身のまわりの動向に目を配り、滅びの道から脱出するために、何がしかの役割を果たすことを目指すようになった。楽観はできない。でもどんな変化がやってくるか。どんな変化を起こすことができるか。もう引っ越しはなくなったけれども、スリルに満ちた人生の旅が続きそうだ。

本書はこうした旅の始まりの記である。その時々、新聞（朝日新聞福島版一九九九年二月一日〜二〇〇三年五月五日）と雑誌に書いた文章を中心にまとめた。本文ごとの日付は新聞掲載日である。今読み返すと勘違いや思い過ごしによる記述も散見する。しかし、これも自分がたどった歩みと考え、明らかな事実の誤り以外はそのままにした。

もう一人、ここに来て新たな人生を楽しんでいるのが、わが伴侶、カミさんである。料理が好きでうまいものをつくること、ひとに食べさせることを無上の喜びとしてきた。亭主だけを相手にするのでは物足りない、とログハウスを借りて予約制のレストランを開いたのである。その経緯は省いたが、新たな体験から得た食べ物話のエッセンスを収録したのが「カミさんの山里レシピ」である。

二〇〇五年四月　　岡村　健

目次

僕とカミさんが移り住んだ地域

● 田島町

福島県南会津郡田島町は人口13,140人（2004年6月）、南会津郡の行政の中心地で国、県の出先機関が置かれている。首都圏へのアクセスは会津鉄道とつながる東武鉄道で浅草まで約3時間半。東北自動車道経由で約200キロ。住まいのある針生地区は町の中心から10キロ。標高700〜800メートルの高冷地で、12月上旬から4月上旬まで雪に覆われる。最深積雪は1.7メートル前後。

● 南会津郡

福島県の西南端に位置し、新潟、群馬、栃木県と境を接する山地で「奥会津」とも呼ばれる。郡の面積約2,340平方キロは神奈川県とほぼ同じ。93％が林野で人口は神奈川の860万余人に対し34,259人。人口密度（1平方キロ当たり）は3,570.9人対14.6人になる。65歳以上の高齢者は32.2％（2002年統計）。

六〇の手習い
農に挑戦

木の家

人生、どこでどう変わるかわからないものだ。転勤続きの新聞記者生活の定年が迫り、無理算段をして神奈川県の海岸の街にマンションを買ったのが五年前。「気候は温暖だし、海は近いし買い物も便利だし」と悦に入っていた。それが今や一転して、雪の山々に囲まれて暮らしている。

急変の始まりは、新聞の夕刊で田舎暮らしのページを担当したことだった。南会津郡田島町の針生《はりう》地区を初めて訪ねたのが一九九七年三月。ここの芳賀沼製作という住宅建築会社が、都会人を呼び込もうと進めている仕組みを取材するためである。

田舎暮らしを望む人は急激に増えているが、実現を阻む壁は土地と住宅の手当てである。遊んでいる土地はあるが代々引き継いできたものを手放したくはないからめったなことでは売ってはもらえない。そこで建築会社を経営する四〇代前後の三兄弟が地域の人たちとも話し合って「借地方式」を考え出した。

一〇〇〇平方メートル当たり一〇万円の年間借地料で土地を賃貸し、そこに同社が住宅を建てる。貸し手は土地を手放すことなく安定した借地料収入が約束される。借り手のほうは都会なら駐車場代程度の金額で用地を確保できる。ほかにあまりない、うまいやり方である。

「あ、私こういう家に住みたい」。持ち帰った芳賀沼製作のパンフレットを見てカミさんが唐突に言う。おやおや。「マンションに限る。一戸建てはいらない」が持論のはずだがといぶかると、それは首都圏の狭い家のことで、ゆったりとこんな家を建てるのが夢だったという。そうなってみると僕のほうも、自分には縁無きことと封印してきた田舎暮らしの希望がにわかに現実味を帯びて膨らんできた。

ともかく建築費をひねり出せばいい。ならばマンションを売ってと、夫唱婦随だか婦唱夫随だかの苦しいやりくり計算が始まる。そして最初の訪問から一年半足らず。一九九八年夏に田島の町民になったのである。

田島町の中心から約一〇キロの針生地区は人口約六五〇人、その中でも一番奥まった標高七〇〇メートル余りの通称石橋という集落が僕たちの住まいである。旧来の住人八戸のところに、別荘を含め、新しい家が一〇軒。過疎の山里が活気づいている。

初めて来たとき、山懐に抱かれるように家が並び、南東に開けた斜面に田んぼが連なる風景に、なぜかなつかしいような、心のやすまる思いがした。無計画と言われても仕方がない僕たちの移住だが、この土地が僕たちを呼び寄せたのに違いないと今は思っている。

農薬など使わずに自分たちの食べる野菜をつくりたい。木もたくさん植えたい。あれもこれもと思っているうちに雪が来た。断熱の工夫を凝らした木の家はとても暖かいし、雪かきも今のところはとても楽しい仕事だ。冬晴れの透明な空に生まれては消える純白の雲に見とれながら「この土地を壊すようなことがあってはいけない。ここを日本一美しい村にしなくては」などと力んでいる。

（一九九九年二月一日）

押し掛け弟子

田島町針生の山すそにある石橋地区に移り住んで一〇カ月、ひと冬を越して、さまざまなものが見えてきた。発見の第一は、都会と違ってここでの暮らしが地域の人たちや行政と密接にかかわっていることだ。

僕の住まいはバス道路から約三〇〇メートル。傾斜地の水田の中を下る砂利道の町道沿いにある。僕たちが定住したのでこの冬から町の除雪車が来ることになった。大雪で一日二回来たこともしばしばだ。経費はどれほどかかるのだろう。わずかな税金しか納めない年金生活者としては何だか申し訳ない気分である。

春になって今度は消防団の巡回がやって来る。二〇〇戸ある針生地区の分団の消防車に青年たちが乗り、鐘を鳴らして火の用心を呼びかける。離れたところにいる私たちのために毎晩田んぼ道を回って来てくれる。万が一の場合を思うと、地域の人たちに守られているという実感がわいてくる。

次に気づくのは耕作をやめる田んぼが急速に広がっていることだ。四、五十代の働き盛りが外に出て七〇代の親たちが田んぼを守っているというのが山村の典型で、体力的に無理になったり、病気になったりして続けられなくなる例が多いようだ。

どうしたら荒廃を止められるか。さまざまな農業政策が効果を上げているとは思えない。うれしいのは、都会から来た人たちが目の前で行動を起こしていることだ。三〇代のヨシザワさん夫妻は二人とも会社勤めで週末をこちらで過ごす。昨年、別荘の田んぼの持ち主が病気したため、そこを引き受けて水田二枚をつくった。週末だけで何もかもやるので、さすがに「きついですよ」と漏らしていたが、今年はさらに二枚の田んぼをつくるという。

「大学生の息子が卒業したら、こっちに落ち着きたい」というオオタさん夫妻は一〇枚もの田を借りている。三年前からブルーベリーの栽培に取り組んで成果が出始め、少しずつ面積を広げる計画だ。しかし、借りたところは一〇年も放置されていたのでオニシバなど雑草の根が厚い層になっていて耕運機の刃にからみついて耕せない。そこでユンボを買い入れ、週末に東京から来ては掘り起こすところから畑づくりを進めている。

僕も安閑としていられなくなった。地主のトモイチさんは七〇代半ば、五枚の田をつくっているが最近、脳梗塞の発作が出た。精密検査で働くことは差し支えないとわかったが、無理は禁物だ。もともと田仕事大好きのトモイチさんが働き過ぎないようにするには手助けが必要だ。そこで米づくりの弟子にしてくれるよう申し出た。経験、知識ともにゼロ。ありがた迷惑の押し掛け弟子かもしれないが、トモイチさんの技術や豊富な知識はよそでも役立てられるはずだ。

都会から来た僕たちは地域に受け入れられて田園風景になぐさめられ、元気をもらっている。その元気を使って田園風景を守ることができるのならこんな結構なことはないと思う。

（一九九九年五月三日）

百姓志願

田植えが始まり、思いもかけなかった新しいことが身のまわりに次々と起きて来た。僕の家の地主であるトモイチさんの稲作を手伝い始めたことは前回書いた。すると今度は「田んぼが一枚余ったから植えてみないか」とヨシヤさんから声がかかった。

ヨシヤさんは自分の田んぼのほかに十数枚の水田を委託耕作し、民宿を営み、その上、町議も務める忙しい人で、準備してきたうちの一枚が手が回らなくなったのだ。どうしたものかと迷っていると「放っとくのも、もったいねえなあ」とトモイチさんがひと言。それに背中を押されるように引き受けてしまった。

家の真向かいの斜面に見える三〇〇平方メートルほどの小さな水田で、これなら何とかなりそうだと思ったが、畦《あぜ》の草を刈ってみると、土手の下から水がしみ出している。どうやら畦に土を積んで泥で塗りかためる「くろ塗り」からやらないとだめらしい。

この先の手順を聞いてみると、まず田んぼの水をいったん抜いてくろ塗りをする。それから代《しろ》かきを二回やる。水を張って数日置いて土を落ち着かせ、そのあと水を浅くしてようやく田植えということらしい。スケジュールを組んでみると田植えは六月一〇日過ぎになりそうだ。周りはもうほとんど終わっているが、昔はそれが当たり前だったと言ってくれる人もいて、焦らずにやることにした。

ありがたいことに、野良に出ていると、農家の人たちがいろいろと声をかけてくれる。「苗はあるのか」「機械はどうする」「肥料はまいたか」といった具合で、苗も道具類も融通してもらって手当てがついた。

こんなわけで、来る前にぼんやり描いていた「庭の畑で有機栽培の野菜づくりを少々」という生活設計は大幅に変更である。つまり農作物について三つのやり方を同時に進めることになる。

第一は庭の有機（無農薬）野菜づくり。農水省のガイドラインの「有機農産物」

の基準を満たすだけでなく、欧米のオーガニックの基準に達するようにしたい。本を読んだり経験者に聞きながらやる。

二番目はトモイチさんの稲作の手伝い。水の加減などイロハを教わりながら、慣行農法でどのように農薬や肥料が使われるのかを知ることができる。これから田植えをするところが第三のやり方で、まず除草剤をやめて草取りをしてみるとか、できるところから農薬や化学肥料を減らそうと思っている。

こんなふうに手探りでやっていると、農家の人たちが実は有機農業に肯定的な関心を持っていることもわかった。田の草取りをどうするのかを聞くと「道具がうちにもまだある。貸してやっから」「これでやるとイネも強くなる。本当はクスリよりこれがいいんだ」という具合である。

ずぶの素人がずいぶんいろいろと欲張ってしまったものだが、もともと百の仕事をするから百姓だという説もあるではないか。周りの人たちに勇気づけられて、ともかく歩き始めることにした。

（一九九九年六月七日）

カラス対策

「うーん。やはりナメられてはいかん」。畑に植えたキュウリの苗が無残に引きちぎられたのを発見して思わずうなってしまった。カラスのいたずらである。作物被害についてはいろいろ聞き、いずれ何か対策が必要と思っていたが、こうなっては友好関係は断ち切るしかない。

カラスの増え過ぎは都会と田舎とを問わず、各地で問題になっている。山林が伐られて怖い存在だったワシタカ類が激減したこと、人間の食べ残しが格好の餌になっていることが主な理由で、つまりは人間の所業がカラスの天下を招いてしまったわけだ。

このあたりも例外ではなく、猟友会の人たちが毎年駆除に努めているがいっこうに数は減らない。黒く大きな姿とうるさい鳴き声、そして農作物も荒らす嫌われ者だが、一方で知能が高く、慣れれば可愛いのでペットとして飼う人もいる。春先のこと、道沿いに並ぶ除雪の目印のポールを結んだ麻ひもを、くちばしでほどくのに熱中しているカラスがいた。一つほどくと次のポールに向かって大急ぎで駆けてゆく。その姿が一人遊びに夢中になっている幼児のようで、ついつい甘い態度をとってきたのがいけなかった。

さてどうするか。カラスの利口さと用心深さを利用しようと考えた。まず、苗を植えたあたりの木の幹を結んできらきら光る鳥よけのひもを張った。さらにその上下五〇センチほどのところにそれぞれ細い釣り糸を張った。鳥よけのひもは「障害物を置いたぞ」という警告。釣り糸は「よく見えない危険なものがあるようだ」と警戒させるためである。その上で、これまでの態度を一変させ、カラスの姿を見れば石を投げつけパチンコ玉を放った。

するとひもを張ったあたりには決して舞い降りなくなったし、僕の姿が少しでも見えれば逃げ去るようになった。ところがカミさんは別で、洗濯物を干していれば頭をつつきそうにするし、すぐ目の前に止まってはからかうように鳴く。

「いやだなあ」と怖がっていたが、ある日のこと、木の枝に止まったカラスめがけてカミさんがパチンコ玉を発射した。玉はすぐ近くの枝に当たってカチンと音を立てた。これに肝を冷やしたか、以後はあちらが怖がるようになった。

こうして今のところ畑の作物は無事に育っている。もっとうれしいのは家の周りに小鳥たちが増えたことである。ブナの梢では一日中ホオジロが鳴くようになったし、セキレイがしきりに軒先を舞う。そして先日つがいのスズメが軒下に巣をつくった。どうやらカラスと敵対関係をとることにしたわが家は小鳥たちには安全な場所となったらしい。

かねて家の周りにたくさん木を植えたいと思ってきた。家を建てるために水田をつぶした埋め合わせの気持ちと、小鳥がやってくる家に住めたらどれほど幸せかと考えたからだ。そんな希望が早々と実現に近づいた。裏の林で鳴くカッコウやウグイス、ホトトギスもそろそろやって来るのではないかと毎日鳥たちの姿を追いかけている。

（一九九九年七月五日）

初収穫

四囲の山々が二度、三度と白くなった。竹のポールに紅白のペンキを塗ったのを除雪の目印に立て、まだ小さいヤマザクラやモミジをわらで巻いて支柱に縛り付けてやる。冬支度の季節はあれこれと心せかされる思いがするのに、それでいて何か豊かな気分になる。

今年、とりわけてホクホクしているのは、物置の真ん中に米袋が積んであるからだ。三〇〇平方メートル余りの小さな水田から五袋の籾《もみ》が採れた。白米にすると一二〇キロぐらい。いずれにしろ夫婦で食べきれない量なので友人たちに、自慢話つきで送った。野菜のほうはほんの少しずつ植えたので、ジャガイモもダイコンももうすぐ食べ終わるところだが、来年はしっかり備蓄できるだけつくろうと、早くも構想が膨らんでいる。

新鮮な驚きは自分のつくった作物がどうしてこうもうまいのか、ということだ。トマト、キュウリ、エダマメなど鮮度が味に大きく影響するものばかりでなく、出来が悪くて一〇センチに満たなかったニンジンも、葉っぱばかり育った小さなサトイモも味の点では飛びきりだった。きっと無農薬、無化学肥料でつくったことによるのだろう。

特筆すべきは米である。収穫したのはタカネミノリという一九九三年の冷害のあとから多くつくられるようになった高冷地向けの品種だ。硬質米でコシヒカリやササニシキのような粘りはない。だから市場では人気もなく「まずい」といわれているようだ。

しかし、食べてみると噛むほどにほのかな甘みとよいにおいが口の中に広がる。ほとんどおかずなしで食べられるほどうまいのは、あながち身びいきだけでなく、自然栽培にこだわり、ハデを組んで天日干ししたことがよかったに違いない。

稲刈りの日、「ハデ結い」は田んぼの持ち主のヨシハルさんにお願いした。最初は自分で組むつもりで事前にロープ持参で結び方を習いに出かけた。だが、何度お手本を見せてもらっても生来の不器用のせいでいっこうに結べない。しまいに奥さんが出てきて「教え方が悪いわい」と先生のほうがしかられるありさま。とうとう「オレ行ってやっから」と腰を痛めているヨシハルさんが数年ぶりにハデを組んだのである。

ハデに限らない。田植えはトモイチさん夫妻に大半を手伝ってもらったし、稲こきはクニハルさんが機械を運んで駆けつけてくれた。だから初収穫の米も、自分で作業した割合は三割くらいのものだ。

それでも、来年は野菜を本格的につくって、米ももう少しつくれないかと考え始めた。友人たちから「うまかった」とか「もっとつくって売ってくれないか」という便りがあって、自分の農業が間違いでないという確信がわいてくるからだ。

周りでは「来年はもう田んぼはやれない」という話があちこちで出ている。しかし、土と水と太陽がつくり出すこれほどの恵みを受け取らない手はない、とつくづく思う。

（一九九九年一二月六日）

第三種兼業農家

テレビ画面はしきりに新緑を映し出すようになったが、ここの桜はいつ咲くのか、固いつぼみのままだ。日本列島の季節の違いが一番くっきりと見える時期である。新聞の花便りには「福島市・信夫山＝落花盛ん」とある。会社の同僚たちと花見の宴を張った一〇年前を思い出しつつ、同じ県内でもこうも差があるのかと改めて感心する。

雪が消え、フキノトウに続いてカンゾウの新芽が土手を彩り始めた。じっとしていられなくて畑に出る。でも種をまいたり、イモを植えたりすることはできない。まだまだ霜が来るからだ。ゆっくりとした高冷地の季節の歩みに、はやる心が引き裂かれるような悩ましい気分の農の季節の始まりである。

去年初めて庭先の畑の野菜と三〇〇平方メートルほどの小さな田んぼで米をつくったのだが、今年はさらに田んぼ三枚を借り足すことにした。計四枚の半分は稲作にあて、半分は畑にしてジャガイモや大豆をつくろうという心づもりだ。

去年は余った苗をわけてもらって植え、田植えにも稲刈りにも周りの人たちの助けをずいぶん借りた。それをできるだけ自分の力でと考えているのだが、さていざとなってみると、苗はどうやって育てるのやら、何から準備を始めるのやら、何一つ知らないことに気がつく。買ってあった何冊かの本を開き、経験者に話を聞いて回る。

ここで暮らし始めて日がたつほどに野菜や米をつくることの面白さに気づき、農業の大切さが身にしみている。農業についてどれほど無知であったか、何も考えずに過ごしてしまったか、と反省する。そして、遅まきながら自分の手で小さな農業をやろうとして、心の奥に奮い立つものを感じている。

どんな農業をやるか。はっきり決めているのは農薬を使わないこと、化学肥料を使わないことだ。生命のもととなる食べ物を育てるのに、虫や雑草や菌を殺す薬品を使い、化学肥料によって収量を上げようとするのは、どこかに根本的な誤りがあると思うからだ。幸いこの山あいの農地は農薬空中散布もないし、周りの人たちも、僕のやり方を許してくれる。

さて、去年収穫した籾を発芽の準備で水に浸してあるが、苗代をどうするか。温室などの施設を使わず、田んぼの一角に籾殻を焼いた薫炭を敷いてつくる方法があるという。聞くと「昔はやったなあ」「種まいて油紙かぶせてさ」と、思い出話を交えて教えてくれる。おぼろげながらイメージが浮かんで、これでやろうと決める。不安も大きいけれど、下手くそなやり方でも、稲の力で育つに違いないという確信めいたものもある。

こんな折り、金沢の自然食シンポジウムで「第三種兼業農家」という提言があったことを知った。農業収入ゼロでよい。自立自給を目指して実践しようというわけだ。なるほど、僕のやっていることも、この観点に立てば立派な農家ではないか。そう考えてまた元気がわいてきた。

（二〇〇〇年五月一日）

堰普請

五月の半ば、地区の「堰普請《せきぶしん》」があった。各家から人が出て、水路を点検、清掃して田んぼへの水が通るようにする。三月が大雪だった今年は、雪で折られた枝や木の葉がどっさり流れて来て水路のあちこちが詰まっていた。それを、クワやシャベルを使ってかき出す。

暗渠《あんきょ》の中でつかえたところは大変で、スギ丸太でつついて力任せに押し流す。水路をさらい終えると、山あいの清流から水が流れ込んで、一帯に広がる棚田が満たされる。

去年初めて参加して、水路がこんなにも長い距離を経て入念にできているものか、と感心した。長年の工夫と労働の積み重ねでつくられた精妙な水路（三〇年ほど前の耕地整理で一新されたが）があり、地域の人たちの共同作業で守られてきた。それに支えられて初めて稲つくりも可能なのだと知らされた。

二度目の今年は感心してばかりもいられない。このシステムに、ほころびができ始めていることに嫌でも気がつくからだ。休耕田が増え、田んぼをやめてしまった人たちも少なくない。勢い堰普請に出てこない人も増えてきている。地区の新年総会で区長さんが特に発言を求め、全戸参加を強い調子で呼びかけたほどである。

実際、使われなくなってだれも顧みない水路もいくつかある。僕の借りている田んぼの近くにも土をかぶった水路があった。掘り返してみると二〇センチほどの厚さに堆積した土の下から小さなU字溝が現れた。二、三時間かかって土をさらうと音をたてて水が流れて行った。

こんな末端部分は措くとしても、水路系の幹線には崩れかけてだれかがトタン板で応急手当てして水を流しているところがあちこちにある。こういう場所を地区の農事組合の蓄えを使って修理しようという話も出てはいるが具体化しないままだ。稲作の基盤にかかわることだけれど、地区の人たちは兼業の忙しい日常の中で顧みる暇がないということらしい。

こうした状況の一方で、農業の基盤整備などの名目で、実に多くの公共工事が行われている。農道、水路、圃場整備など。どこも工事現場だらけだ。林道、砂防ダム、河川改修などの工事が加わって山村風景の至るところで大型の土木機械がうなっている。しかし、こうした工事は農業や林業をやりやすくすることにはほとんど役立っていない。何億という税金が目の前で費やされているのに、田に水を引く水路の崩れを直せない現実を何とかできないかと思う。

ところで僕の田んぼだが、周りの田植えがすっかり終わったというのに、折衷苗代の苗がやっと三、四センチに育ったところだ。いくら何でも遅過ぎのようだが、風邪をひいたりして予定が狂ったのでやむを得ない。田植えは中旬になるだろうか。このところ成長のスピードを上げた草木のまばゆい緑の中で、畦の手直しにクワを振るって息を切らせている。


（二〇〇〇年六月五日）

稲作道場

ここの春は実にゆっくりとやって来る。四月末になっても、土手の草がわずかに生えるぐらいの変化しか現れない。散歩の途中、向こうの山道から振り返ると、棚田のへりにわが家が見える。冬枯れと変わりないようでいて、しかしよく見ればブナの冬芽の赤い殻が膨らんで新緑へ準備が終わり、今にも動き出しそうな気配がある。

大型連休で別荘の人たちの姿が増えてにぎやかになる。農家の田起こしも始まる。向かいの田んぼに今年も「稲作道場」と大書された木の看板が掲げられた。一年を通じて米つくりを体験しようと東京からやって来る人たちだ。

稲作道場は東京・新宿のお寺の住職互井《たがい》観章《かんしょう》さんが始めた。「人に物を伝えていく仕事をしてきて、『命の大切さ』のような単純明快なことが、大人には伝わらなくなったことを感じていました。ならば子どもに伝えよう。親子で参加する子ども会ができたら」と考えていた。

学生時代の友人でここに別荘を持つヨシザワさんを訪ねたとき、田んぼを借りて稲作体験をする話がまとまった。地主のヨシヤさんが民宿を営んでいるので、田を借り、そこに泊まって稲作を教わる段取りである。

五回目になる今年も種まき・道場開きを皮切りに五月末の田植え、一〇月の稲刈りとそれぞれ一泊二日、計三回のシリーズが組まれている。種まきには互井さん一家を含めて三家族が来た。民宿前の路上にずらりと並べた苗箱にヨシヤさんが用意した土と肥料を入れ籾をまき、水をかける。子どもたちはじょろを持ったり籾を手いっぱいにつかんだりして大張り切りだ。

田植えや稲刈りのときは参加者が二〇人を超す。大人も子どもも入り交じってお祭りのような楽しい光景になるので、僕も心待ちにするようになった。互井さんらの偶然のような出会いから始まった試みが、都会生活に欠けるものを埋めに来る人々と、自然の広がりを生かし切れなくなった山村の側とが、お互いに補い合い生かし合う場になっている。

ヨシヤさんは高齢化などで耕作できなくなった田を次々引き受けて三・五ヘクタールを耕作する忙しい身だが、初体験の人たちの農作業を見守りながら気長に教え、苗に農薬をかけないなどの配慮をして「子どもたちが土にまみれて何かを感じてくれれば」という互井さんの希望が実現している。

このところ、行政主導のグリーンツーリズム活動がしきりにあるが、一回こっきりのイベントに過ぎないことが多くて失望される。息長く地道に続いている稲作道場を見ていると、山村の活性化や都市との交流が本当に可能なのだと希望がわいてくる。


（二〇〇一年五月八日）

自然農

夏の強い日差しが毎日照りつけて、庭先の畑は草がびっしりと茂っている。その草々の間から、勢いを競うようにトマトやキュウリ、大豆などが元気に育っている。畑が草だらけなのは、奈良県で専業農家を営む川口由一さんの「自然農」の考え方に学んでいるからだ。「耕さず、肥料、農薬を用いず、草や虫を敵としない」やり方だ。

水田の跡地だから、農薬と化学肥料の影響が残っていて、最初の年は土が乾けばかちかちに固まり、マルスゲやアメリカセンダングサなど数種類の草しか生えなかった。満三年を超えて、数え切れないほどの種類の草が茂り、花を咲かせるようになった。最初のころ、堆肥を入れてみたりしたが、その後は自然に任せた。

風に乗ってくるのか鳥たちが運んでくるのか、たくさんの生命が根をおろして、めざましく土がよみがえってきたのである。

自然農のやり方でとてもうまくいっているのが大豆だ。草を刈り、穴をあけて二、三粒の豆をまく。土をかけた上に、刈った草をたっぷりとかぶせてやるのが勘どころだ。芽が出たばかりのときは草の下で鳥に狙われることもない。草を押しのけて出てくるころには鳥の食べごろを過ぎている。

ハトやカラスの被害は豆づくりの難題らしく、農業雑誌が特集を組んでいた。僕の畑は被害ゼロだし豆の出来がいい。近所の畑を見ると草丈が六、七十センチ以上になっている。こちらはその半分もないが、びっしりと花が咲き実をつける。肥料をいろいろと施すよりもずっと健康なのに違いない。

カミさんの機嫌がいいのは、在来種の「スーヨウ（四葉）キュウリ」が元気よく育っているからだ。イボイボがとがって大きいのが特徴で、長さ三〇センチくらいの実がなる。今はとんと見かけなくなったが、子どものころ大好きでよく食べたという。昨年、種の販売先を見つけて取り寄せた。そこそこによくできて何本も食べた。しかし種用のキュウリを取るのが早すぎた。

小粒な種をまいてはみたが半ばあきらめていた。それが五本、六本と芽が出てたくましく竹の支柱に絡んでいる。普通に売られている種は薬品処理などがされていることが多い。なるべく自家採種して、よい作物をつくろうと思うのでキュウリの元気はうれしくてたまらない。

ナスやエンドウ、ソラマメなど、なかなか思うように育たないものもたくさんある。それでも迷いはなくなった。年を追って畑の自然が豊かになってきているのが実感できるからだ。

いつ見ても黄色、白、薄紫と数種類のチョウが舞っている。イナゴやコオロギが跳ね、小さなハチの羽音が聞こえる。このところ畑に出るとついつい長居をしてしまうようになった。

（二〇〇一年八月六日）

うちの畑の夏。周りの山々の緑が盛り上がり、
野菜も草も勢いを競うように伸びる。

地主さんから借りた足踏み式脱穀機。昭和初期のものらしい。

自然との楽しみ

町営スキー場

車で五分余りの台鞍山スキー場に正月休みでやってきた息子たちが毎日通った。彼らは「今まで行ったスキー場のベストだ」と言う。わけを聞くと「空《す》いているっ!」。客足の低迷を心配する関係者なら怒り出してしまいそうだが、まあ先を聞いてください。

理由の二つ目はコースが広々としていること、三つ目が森に囲まれた景色の良さ。レンタルスキー店や食堂も感じがよかった。ともかくこんなにいい気分で過ごせるスキー場はあまりあるまい、というのが彼らの意見だった。

台鞍山スキー場は一九八三年に田島町の町営で発足し、いくつかの経緯があって今は町と東武鉄道が出資する第三セクターの会社が経営している。どこも大型化した現在では中規模の地味な存在で、それが息子たちの共感を呼んだのだが、まったく別の道をたどる可能性もあった。

県はリゾート法に基づく会津フレッシュリゾート基本構想をつくり、八八年にはこの一帯を新たな大規模スキー場を中心とした観光施設をつくる重点整備地区にした。面積は三四〇〇ヘクタールに及び、田島町のシンボルとも言える七ケ岳(標高一六三五メートル)の頂上近くまでの山すそがすっぽり含まれる。だがバブル経済の崩壊などで構想は凍結された。

七ケ岳に向かって、集落近くの里山からこんもりとした森が、せり上がるように頂きのなだらかな曲線につながっている。雄大さと優しさに満ちためったにない美しい森の風景である。もし構想が実行されていたら……、ここにロープウエーやリフトがかかり、森は滑走コースとして切り開かれたであろう。そうだったら、僕がこの町に来ることはなかったろう。

室井英彦町長にスキー場の将来像を聞いてみると、まず町民が楽しめる場所としたい、そして規模もあまり大きくすることは考えていないという。町有林のスギ、カラマツ林は伐採期が来ているものがあるが、町で負担金を出して伐採をやめ保存を続けている。全部で一〇〇ヘクタールを超え、負担金額は三〇〇〇万円になる。

こうした町の姿勢と努力は大いに評価できる。気がかりなのはリゾート構想の行方である。全国的に乱開発や自然破壊を招いたリゾート政策だが、国土庁などの官庁は失敗を認めていない。法律は生きているし構想も廃止されてはいない。もう一度開発が動き出す条件は残ったままだ。

幸い、県は四月から会津フレッシュリゾート基本構想の点検をするという。その点検手順には「重点整備地区の削除」が含まれている。これは開発構想を正式に白紙に戻す手続きである。自治体や住民がしっかり考えて地域の将来を決めるチャンスである。

先の見える人がいるもので、スキー場の周囲にブナやナラを植えることを、もう何年も前に提案しているそうだ。歩くスキーのコースや、山の中に分け入るルートをつくれば、ゆったりしたゲレンデと合わせて、本物の自然を満喫できる森のスキー場が実現するはずだ。

（一九九九年三月一日）

料理

毎日の朝飯をつくるようになって、料理の面白さに目覚めた。定年になって三度の飯を家で食う。朝飯ぐらいはつくったらどうだろうとカミさんから提案があってのことだから、積極的に始めたわけではない。それが今や、この楽しさを知らずにきた人生は少々損をしたのではないかと思うほどだ。

最初はご飯に味噌汁をつくり、干物を焼くという程度で、どうということもなかった。それが、畑でとれたジャガイモを煮て食おうと試みて急変した。煮物の経験はなく敬遠していたのだが、昆布だしに酒としょうゆだけで煮てみると、しみじみとうまい。

気をよくしてカボチャ、サトイモ、ダイコンと手を広げた。自分で育てたものだから大事に調理する。ダイコンだったら葉っぱはいうに及ばず、皮も冷蔵庫に保存して、まとまったらきんぴらにしたり、細切りのスルメと合わせてハリハリ漬けにしたりとレパートリーも広がった。

師匠は書物で、『精進百撰』（水上勉・岩波書店）、『清貧の食卓』（魚柄仁之助・農文協）、『システム料理学』（丸元淑生・文春文庫）の三冊が目下のお手本だ。何気なく買い求めたのだが、共通するものがある。昆布やカツオ節できちんとだしを取り、化学調味料をいっさい使わないこと、栄養を損なわずに天然の素材のうまさを引き出そうとしていることだ。

こうして、朝飯はお米のご飯といろいろな種類の野菜をたくさん食べ、それに魚や卵、納豆などを加えるというスタイルが定着した。

魚柄さんの著書によれば、イノシン酸のようなうまみの成分を抽出した化学調味料は、昆布だしなどに含まれるミネラルやビタミン類を欠いている。一方でうまみ成分だけの強い刺激に慣れた舌はより強い刺激を求めるようになる。天然の素材のおだやかで深い味を感じ取る味覚を呼び覚ますことが重要だという。

丸元さんは近年めざましい進歩をとげた現代栄養学を徹底して学び、そこからおいしくて栄養豊富な家庭料理を呼びかけている。このため一定の準備で台所をシステム化し、安くて、短時間にこうした料理をつくる方法を提案する。特に子どもの健全な発育のため、さまざまな添加物や化学調味料を含む食事を避けるよう主婦の奮起をうながしている。

包丁を自分で握ってみて両氏の言うことの正しさが実感できた。本来、味覚は体によいものかどうかによってうまい、まずいを味わい分けるに違いない。野菜を食べていて、うまさが体の中に広がり、力がよみがえるように感じることがある。これは同時に、土で育った野菜の命によって自分が生かされているという感覚でもある。

僕にも思い屈する日がある。そんなとき、台所に立って何をつくろうかと考える。そうだ、いいジャガイモがあったっけ。皮ごと煮たらうまいだろう。ゴシゴシとたわしでこすっていると、いつか気分は晴れている。「今夜もうまい酒を飲めそうだ。また飲み過ぎるだろうなあ」というわけである。

（二〇〇〇年二月七日）

雪と遊ぶ

この冬は気象の変動が目まぐるしかった。一二月初旬からたっぷりと積雪があったのに、一月はうってかわって暖気が続いた。田んぼの土手の黒土がのぞいたので早手回しにフキノトウを採って食べ、このまま春になるような気分を味わった。

ところが二月になると寒波が次々とやってきて、近隣の町村に豪雪対策本部が置かれる事態になり、庭の雪も一六七センチに達した。ここに来て二度目の冬だが、これが最深記録である。おかげで本格的な春がやってくるまで、もうしばらくは雪遊びができそうだ。

家からバス道路まで約三〇〇メートルの町道は緩い坂道で、うまく圧雪状態になると絶好のソリ遊び場になる。ソリと言えば昔はミカン箱に板や竹を打ち付けてつくったものだが、今は安価なプラスチック成型のものが結構高性能だ。

夕方の冷え込みでカリカリに凍った斜面を滑り降りるだけの単純な遊びがどうしてこうも面白いのか。今度はもっとスピードを出して、などと上っては滑りを繰り返していると、いつか頭上に星が光っている。月があればいつまででも遊んでいられそうだ。

そういえば子どものころ、こんな長い坂道があったらいいなと夢想したものだっけ、と遠い記憶がよみがえる。日本海に面した砂丘の短い斜面が新潟市の子どもたちのスキー場だった。まともに吹き付ける季節風にあおられながら滑る。気がつくといつか友達も帰ってしまい、たった一人で薄暗い海に向かって立っていた。

林道や林の中を歩き回るのも、雪があればこその楽しみだ。歩くための道具は三種類持っている。こちらに来て買ったカンジキ、東京の登山具店で求めたスノーシューズ、山歩き用のテレマークスキーである。

雪の具合やその日の気分でそのどれかをはき、夕方の一、二時間を歩き回る。

天候の安定した日には小さなザックにコーヒーを詰めたポットとパンなどを入れて出かけ、山の中で昼食をとって半日遊んでくる。

二月に開かれた「アニマルトラッキング」の催しでたくさんのことを教わった。地元の南会津グリーンストッククラブと筑波大学の人たちが始めた「山村大学」の今年度最後の授業で、雪原に飛び出して動物の足跡を追い、冬の自然を知ろうというわけである。

講師は田島猟友会の人たち。首都圏から来た人も含め約二〇人が参加、カンジキのはき方、歩き方を習って林道に向かった。ノウサギ、リス、テンなどの足跡を確認し、人家のすぐ近くのクリの木にあるのが「クマ棚です」と説明されてびっくりする。山に入るときには必ず食糧を少し持つこと、マッチと燃えやすい木の皮を持つこと、など危険を避けるイロハを聞いて納得する。

ひるがえって、今の暮らしは、この山里でさえ自然から離れたものになりかけている。雪の一人遊びもいいが、自然との付き合い方を熟知する人たちの知識や技術を学ばなくては、と少々反省した。

（二〇〇〇年三月六日）

田舎演劇

「本当によかった」と思える一日もあるものだ。七月九日、車で二時間ほどの三島町にカミさんと出かけて、アマチュア劇団「ぴーひゃらら」の公演を見てきた。その「大自然まるごとツアーへようこそ」という芝居がとても面白く、小さな会場の舞台と客席が一体となって素晴らしい時間が流れた。

帰り道、芝居の余韻で僕たちの話ははずみ、途中の温泉につかって、木々のにおいに包まれた山道を上機嫌で帰宅した。

劇団は会津若松市で一九九〇年に旗揚げ、同市で年に一回催す定期公演が活動の中心だという。どんな人たちだろう、と興味がわいて訪ねた。ちょうど三島公演後、初の集まりで二十余人の団員のうち十数人が顔をそろえた。二〇歳代から五〇歳代まで。女性が多い。団長の船木秀雄さんが「話を全部出して次に生かそうよ」と切り出して皆が次々に感想や本音を話す。

「久しぶりに子育てに戻っています」と照明係の若いお母さん。難しい役どころを演じた女性は「職場でもまだぼーっとしています」。今回だけの約束で女子大生役に起用された女性が「とても大変でした。でも一回きりの人生だからやりたいことを、と考えました」と入団の決意表明をして拍手がわいた。

舞台を仕上げるのに八カ月をかけるという。最初は週一回、やがて週二回の稽古で、今回は計五七回になった。それぞれ仕事を持ち、家庭を持つ人たちだから支障の出るのが当たり前で、全員そろったのは二回だけという。

オリジナルの脚本を書き、演出する菅野謙志さんは「大上段に何かを訴えることはしない。皆が楽しんでくれればいい」と言う。今回の「まるごとツアー」はそうした姿勢がはっきりわかる独創的な作品だ。

一五人の男女が登場するが主役はいない。いや全員が主役だ。舞台は外国の、人家からはるか離れた場所。そこでバスが故障して立ち往生し、不機嫌ないがみ合い、ののしり合いが起き、やがて救助を求めるためにみんなが力を合わせ始める。幕間なしの一時間四五分に笑いの連続で引き込まれた。

驚いたのは、この連載のイラストを描いている星正人さんが出演していたことだ。村のマラソン大会の実績を自信に、無謀にも二〇〇キロ先まで救援を求めて走り出してしまう中年男を演じて爆笑を誘った。

後日、正人さんの理髪店で頭を刈ってもらいながら芝居談義になった。「子どものころの祭りは大人たちが芝居で張り切っていた。あの村中がうきうきするようなことがすっかりなくなったねえ……」。

三島町での初めての旅公演は、船木さんらの希望を三島町交流センター学芸員五十嵐政人さんが受けて実現した。五十嵐さんは「ぴーひゃららの皆さんとはずっとお付き合いしてゆきたい」と言い、ゆくゆくは町民も参加する演劇祭をと、息の長いプランを描いている。こんな試みがもっと広がれば山村が生き生きしたものになると思う。

（二〇〇〇年八月七日）

妖精の里

八月も新たな出会いがあった。只見《ただみ》川沿いの金山町にあるカルデラ湖、沼沢湖で開かれる夏祭り「湖と妖精《ようせい》のフェスティバル」に招かれた。

「田舎の良さを、地元の人たちが再認識するような話をしてくれませんか」。そう誘ってくれたのは、祭りの実行委員の松本達生さん。自動車メーカー勤めをやめて数年前に妻の弥生さんと金山町に移住し、見習い大工をしながら、地域のさまざまな活動に二人で積極的にかかわっている。

人前で話すのが苦手なのにあっさり引き受けてしまったのは松本さんの人柄のせいだ。町の未来を語ってこんなふうに言う。「理想像を描きますね。一方で現状を把握して、その間を埋めてゆけばいいのでしょう」。前向きで、肩に力の入らないしなやかさに新しい若者像を感じた。

フェスティバルは長年、沼沢湖水まつりと言っていたのを今年改称したという。沼には大蛇伝説があるけれど、それを「妖精」とはちと強引ではないか、第一あれは西欧のものだろうに……。事前打ち合わせに行ったとき、僕はこんな感想をもらした。だが、すぐにそれはこちらの不勉強だと気づかされた。

湖畔に「妖精美術館」がある。東西古今の美術、文学、神話、伝説といったものに登場する妖精が系統だって展示されている。明星大学教授井村君江さんの監修になるコレクションで、シェークスピアの喜劇で活躍する妖精たちもいる。ケルトの神話もある。

そうかそうか……。大蛇（オロチ）は、雷（イカズチ）や水の神（ミズチ）と同じく神だった。自然の恵みや脅威、目に見えぬ力をこのように表現するのは洋の東西を問わない。山奥に生きる町が「妖精の里」を名乗り、自然と共生するイメージを掲げるのは奥深い自然観に根ざしていた。

パネルディスカッションには斎藤勇一町長も参加し「妖精は迷信でも絵空事でもない。実用にならないものの大切さ、森の意味を考える力をつけよう」と語った。フェスティバルには第二弾があり、八月末のセミナーで斎藤町長は上遠《かみとう》恵子さんを講師に招いた。

上遠さんは『沈黙の春』で知られるレイチェル・カーソンの著書『センス・オブ・ワンダー』の翻訳者。「自然に対する驚き、畏敬《いけい》の感覚を磨くことが大切」と説くカーソンの思想の理解者だ。講演と合わせてブナ林の自然観察もあり、参加者の理解を深める内容だった。

奥会津のほかの町村と同様、金山町の自然もまた安泰ではない。只見川は発電のためにダムで寸断されているし、沼沢湖にも二つの揚水発電所がある。水質は悪化したが、豊富な湧《わ》き水のおかげでヒメマスの産卵が何とか続いている。

太古のたたずまいが残る湖の景観を守り、水質を維持し、水辺を住民が憩う場所にし、と沼沢湖だけを考えても課題はどっさりある。フェスティバルで会った町の人たちは知識を深め、智恵を働かせてきっと課題を解決してゆくだろう。こちらも負けずに勉強しなくては、と鼓舞された。

（二〇〇〇年九月四日）

雪暮らし

福島市に観測史上初という大雪が降り、首都圏でもしばしば交通機関が乱れてこの冬は雪のニュースに事欠かない。どっさり降って当たり前のここ田島町針生地区でも「降ったなあ」があいさつ代わりだ。

しかし今年の雪がここでも記録的なのかどうかはわからない。僕の経験によれば雪に関する人々の記憶はほとんどあてにならない。どの土地に行っても聞くのは「子どものころはうんと降ったけれど、今は少なくなった」という話だ。が、記録を突き合わせてみるとそういう事実はない。どうやら幼い目線に刻まれた「大雪」の印象に、暖冬や温暖化といった新しい情報が重なってそんな思い込みができるらしい。

ではわが針生地区はどのくらい雪が降るのか。記録を探していると、電気店のキヨヒサさんが「毎朝測って連絡している」と言う。店の脇の空き地に観測ポールが置かれている。委託元の福島県南会津建設事務所に問い合わせると近年のデータがすぐにわかった。

それによると今年は一月一九日の一六〇センチがこれまでの最深積雪で、昨年は三月の一六四センチ。その前は一九九九年が一二二センチ、九八年九八センチ、九七年一〇八センチと少雪傾向だ。しかし、九六年は二〇七センチ、九五年は一七〇センチを記録している。こうしてみると今年が格別の大雪ではないことがはっきりする。

これとは別にアメダスのデータを調べたら、針生地区と気候が似ている隣の南郷村で八一年二月に二七〇センチという記録があった。一〇年とか二〇年に一度はそれくらいの大雪になると考えてよさそうだ。

これから先どのくらい降るかは別として、三冬目にして初めて雪国らしい冬が来て僕は機嫌よく過ごしている。というのも、雪が何しろ好きで、「雪の中で暮らせる」ことがここに来た理由の一つだからだ。

おかげで初めての体験もいろいろした。正月の寒波のあと、暖かい雨になった九日夜は帰宅途中、滑り落ちた屋根雪で道が埋まっているのに出くわした。深夜のことで一瞬途方に暮れたが、積んでいたスノーダンプを出して雪の山を崩すと一〇分ほどで通れた。二カ所あったので家にたどりついたときは汗だくだったが、ビールを飲みながら「こういう緊張感も悪くない」と実感したものである。

月末には、地区の中心部を走っていて土蔵の屋根から落ちた雪の直撃を受けた。白い物が動くのが見えてブレーキを踏んだのと車体に衝撃を感じるのと同時だった。大きな四輪駆動車なので一メートルほど横にずれて止まっただけで何ともなかったが、小型車か歩いているときだったら危なかったかもしれない。

物置の雪下ろしもすでに二回。すぐにくたびれて屋根の上に座り込んで息を切らせた。しかし、そこから見晴らす純白の光景の美しさはどうだ。道路も田畑も川も白い曲線に覆われて遠くの山々に連なってゆく。青空や夕焼けを反映して刻々と色を変える。時間を忘れて眺め続け、思わず「いいなあ」と声が出る。雪に音を上げることは当分なさそうだ。

（二〇〇一年二月五日）

かたゆきわたり

山登りが面白い。といっても、登山とはほど遠い家の近所の山歩きだ。積もった雪が灌木《かんぼく》やクマザサの茂みを厚く覆い、春を迎えて雪が堅く締まるので、どこにでも歩いて行ける。この季節ならではの楽しみだ。

「堅雪渡り」という言葉が山村の日常語として使われていることは、ここに来て知った。隣の昭和村の菅家博明さんは地元で仲間とバンドをつくり二〇年も活動を続けている。菅家さんが作詞作曲した「ブナの声が聞こえる」という曲は、森の大切さを痛切に訴える美しい作品だ。それは「春になったら『かたゆきわたり』で山へ出かけよう」と歌い出す。

宮沢賢治は「雪渡り」という小品で子どもたちのときめきを描いている。「堅雪かんこ、凍《し》み雪しんこ。」「こんな面白い日が、またとあるでせうか。いつもは歩けない黍《きび》の畑の中でも、すすきで一杯だった野原の上でも、すきな方へどこ迄《まで》でも歩いて行けるのです」

僕の山歩きには、もう一つ目的がある。山の名前や高さを地図で確かめて住んでいる針生地区の地形を覚えることだ。今年はたっぷりの雪が寒気でしっかりと固まり条件がいい。おまけに三月中旬は穏やかな好天が続いたので毎日のように山に出かけた。

標高七一〇メートルにある家を出て裏手のミズナラの森を登ってゆく。八〇〇メートル余りの頂に着くと針生の家々の屋根が見え、遠くの白い山々が一望できる。標高差にしてわずか一〇〇メートルの違いでこれほど見える世界が変わることに驚かされる。

コンパスと二万五〇〇〇分の一の地図で標高九四八メートルの三角点を次の目標にセットし、三〇分ほど歩くと急な斜面にぶつかった。上り詰めたところが目指す三角点で、コンパスで正確に目的地に着いたことに気をよくする。北に見えるのが石《いし》ぽろ山、その向こうが昭和村境の舟ケ鼻山、遠く東にあるのが那須連山の三本槍岳、と地図で確認する。

　こんなふうにして毎日二、三時間の雪山歩きを繰り返し、地区の小さな尾根筋をほとんど歩いた。純白の斜面と青空と風の音、鳥の声に囲まれながら、ずっとあいまいだった山の名前や自分の家の位置をはっきりさせることができた。

　アニマルトラッキングの催しが今年の山歩きの仕上げになった。猟友会の人たちの案内で、七ケ岳山ろくの丘陵地を歩いた。カモシカやノウサギの足跡をたどりながら、説明役のキイチさんが動物たちの行動や雪山歩きの危険の避け方、山仕事と共にあった暮らしの話をしてくれる。自然からかけ離れた暮らしをしてきた数十年で鈍っていた僕の感覚が少しずつよみがえるように思えた。

（二〇〇一年四月二日）

峠の茶屋

駒止湿原近くの旧国道沿いにある「峠の茶屋」の雪下ろしに出かけた。湿原を往復するシャトルバスを運行して観光バスやマイカーを規制し、自然を守る方策を考えようという僕たち南会津グリーンストッククラブの催しに茶屋を経営する中村武子さんが来てくれたのがきっかけだ。

武子さんと次女蕉子さん、只見町で地ビールを製造しているシュルツさん、高校生のころから湿原に通っているナガヌマさんがカンジキやスキーをはいてやって来た。急に思い立って参加した僕は日帰りのつもりだったが、みんな一泊の段取りで「一緒にどうぞ」と誘われた。迷っていると「僕のビール、たくさん置いてあるよ」とシュルツさん。これは断れない。

暖気が続いたせいで例年ほど雪がなく、作業は予想よりはかどって、ストーブを囲んでの夕飯になる。サイクリングと山スキーが大好きなシュルツさんが南会津の山の素晴らしさを語り、さまざまな思い出にビールの酔いが心地よく作用して話がはずんだ。

武子さんの夫源治さんは二年半ほど前に肺がんで亡くなった。一九六四年、昔からあった休み茶屋が廃業することになり、それを引き継ぐ形で近くの開拓小屋を移築したのが「峠の茶屋」の始まりだ。当時は往来の人の「お助け小屋」の役割があり、近隣町村の応援もあった。

それから三十数年、さまざまな変動があったが「お助け小屋」が中村さん夫妻の原点だった。七〇年に駒止湿原が国の天然記念物に指定され、源治さんは監視員としてシャクナゲやミズゴケを盗掘から守り、山好きの人たちのよき案内人として宿を営んだ。毎年二泊、三泊してゆく常連客も多かった。八五年に下郷町の農家を移築して今の姿になったが、その費用も常連客が貸してくれたという。

昨年、田島町議会がバスやマイカーの乗り入れを制限してシャトルバスを運行するよう求めた請願を採択した。僕たちのシンポジウムはこれを踏まえたものだ。

地元針生地区の住民や田島町議、主婦ら三〇人ほどが集まって丸々半日、自由に意見を出しあった。結論はまだ先だが、だれもが望む方向は見えてきた。

雪下ろしの夜もその話になった。「多くの人が提案していたように、歩くコースができたら素晴らしい。本当に自然が好きな人が楽しめるようになったら、どんなにおとうさんも喜んでくれるでしょう」。武子さんは何度もそう話した。

昨年一二月のこの欄でブナ原生林伐採を批判し、皆さんに意見書を送るよう呼びかけました（本書一二六頁）。四〇通を超す意見書が関東森林管理局に寄せられ、計画案は再検討されることになりました。ご協力ありがとうございました。

（二〇〇二年二月四日）

作文教室

西白河郡大信村に行って三つの小学校と大信中学で「作文教室」の先生を務めた。村の中山義秀顕彰会が主催する総合学習授業である。毎年、作家や評論家といった人たちを招いてきたのが、目先を変えて元新聞記者はどうだろうと白羽の矢が立ったらしい。

主催者の熱意に押されて柄にもないことを引き受けてしまったと最初は後悔した。しかし、もともと作文が嫌いで、この連載も毎回のように書きあぐねて三日も四日も頭をかきむしる僕こそ、小中学生に作文を語る適任者なのかもしれないと気を取り直した。

一時間で何ができるか。思案のすえに遠い昔、中学の先生が教室で本を読んでくれたことを思い出した。先生は自分が読んだ本の感動をよく話してくれた。その影響で、貸本屋から吉川英治を次々と借り、やがてトルストイを読むようになった。そうだ。大信村では読書の面白さを少しでも伝えられたらそれでよいとしよう、と心が決まった。

テキストは灰谷健次郎の『海になみだはいらない』（新潮文庫）を選んで朗読を練習した。当日、島で暮らす少年が登場する第一章を読んだ。静かに聞いている。そこで第二章のコピーを配り黙読してもらう。

皆が終わるのを待って語りかける。「今、学校にいることをフッと忘れませんでしたか。島にいるように感じたでしょう。それが読書の面白さですね」。「あ、そうか」という顔があちこちに見えた。

さらにいくつかの朗読を聞いてもらい、話をして授業を終える。

一泊二日の授業の旅がすんで、読書のすすめは何とかできたと感じてほっとした。でも「作文」が頭を離れない。作文教育や作文指導には一貫した論理や方法論が欠けている。それこそが問題ではなかろうか。

文章読本のたぐいを何冊か読んでみた。『井上ひさしと１４１人の仲間たちの作文教室』（新潮文庫）に答えがあった。井上さんは言う。遠足の感想だとか、詩の鑑賞だとか、頭の中で起きていることを書くのは大人にも難しい。なぜそれを小中学生に要求するのか。「特に読書感想文は子どもにとっては地獄の責め苦です」と。

そうではなくて、観察する。要約する。報告する。そういう文章を書かせる教育が必要だと井上さんは力説する。

文芸誌の編集長経験を持つ中学の同級生に電話をした。「自分の家の説明を書かせてみようと思うんだ。地図がつくれるようにね」。彼も同じように模索していた。ではまず、自分でこういう訓練をやってみなくては。そんな気になったのは作文教室のおかげである。

（二〇〇二年八月五日）

会津鉄道

孫は五歳になる男の子で鉄道に夢中だ。夏休みでやってくるなり会津鉄道の時刻表と地図を引っぱり出し、紙に路線図を書いて飽きることがない。それならばと田島から会津若松を往復する小旅行を試みた。

一行五人、列車は新導入のマウントエクスプレスという車両で広い窓から眼下の渓流を見下ろし、緑の中を縫うように走る。

孫はと見れば、そらんじた駅名を確認し、自分の世界に専念している。若松駅近くの食堂で昼食をとり、大人はビールで乾杯だ。帰りはトロッコ列車に乗った。ほろ酔いの肌に外の風が気持ちよい。

思えば満四年を過ぎたここの生活も鉄道抜きには考えられない。二、三カ月に一度の上京は電車で東武浅草へ出る。車で東京に出たことはいっぺんもない。

ごちそうと缶ビールを持ち込み、車窓の風景を眺めたり本を読んだりして過ごす三時間半の楽しみ。それを高速道の運転で神経をすり減らすのと引き換えるなんてまっぴらだ。帰りの最終が午後六時発というのがつらい。新幹線を使う人が多いのはそのせいだ。せめてもう二時間遅い便があれば皆助かるだろうに。

会津鉄道は開業一五周年。旧国鉄が切り捨てた赤字線を引き継いだから経営は苦しい。沿線の市町村と県がお金を出して赤字を埋めている。気がかりなのは、自治体財政が苦しくなっているせいか「黒字になる見込みもないのに、いつまでも支えていられない」という声が聞かれることだ。

それはちょっと違う、と思う。

五年前、記者として佐藤栄佐久知事にインタビューしたことがある。会津鉄道の累積赤字について質問すると「地域の大切な足として一〇億円は決して大きくはないのですよ」と答え、摺上川《すりかみ》ダムのコスト削減を国に求めて三〇億円の無駄を省いたことを話してくれた。公共事業による浪費が今のように注目されなかった時期、知事の先見と鉄道の持つ意味のとらえ方に感心した。

この月末、うれしいことが実現する。「サイクルトレイン」と銘打って、東京から会津田島まで四両編成の電車が運転される。客車内に自転車をそのまま積み、会津の自然をサイクリングで楽しむ一泊二日の旅に一二〇人がやってくる。南会津グリーンストッククラブが数年がかりで取り組んできた企画である。

募集が始まると、申し込みが殺到してたちまち定員いっぱいになった。それほど多くの人たちが日々の緊張から解放されたいと望み、鉄道に期待しているわけだ。大きな変化が始まっている。会津鉄道が新しい役割を担うときがもうすぐやって来ると思う。

（二〇〇二年九月二日）

秋のドカ雪

「ちっとも霜が降りないねえ」。暖冬になるのかもしれないと思い始めた一〇月末、いきなり十数センチの雪が積もった。秋のさなかの雪景色を眺め、冬支度に戸惑う一カ月だった。

　高冷地だから早い初雪が来ることは承知している。メモを見ると、ここに来て過去四回の初雪は一一月中旬だ。「一〇月に雪が降った年がある」とも聞いていた。でも初雪なんて二、三センチぐらいで、昼ごろには消えてしまうものだ。

　今年のは違った。一〇月二九日朝、目覚めると庭のモミジや桜の幼木がべったりとひれ伏していた。竹ざおで雪を落として救出する。そのうち裏手の山からバリバリッという音が何度も聞こえた。行ってみるとあちこちでミズナラが折れていた。葉の上に積もった雪が数十年を経た成木をへし折ったのだ。

さて、わが家の備えはどうしたものか。これまでの根雪は早くて一二月初旬だ。だから、こんな雪は一回きりのものに違いない。そう考えて冬支度を急ぐのはやめにして、車のタイヤだけ用心のため取り換えた。

予測は外れ、一一月九日から一〇日の一晩に八〇センチの雪が積もった。真冬にもめったにないドカ雪だ。浅草から一番電車に乗って帰宅途中だった僕は野岩鉄道の不通で足止めをくった。復旧は見当がつかない。今ごろこんな雪が降ったことはない……と駅員も右往左往していて代替輸送もおぼつかない。乗客同士の相乗りタクシーで帰ってきた。

家ではカミさんが雪を踏んで道付けをし、ソリで荷物を運んだという。除雪機を物置にしまったままなので、昔の人のやり方でしのいだわけだ。

村の人たちは「今年は秋がなかった」と言う。山から里へ、日々下ってくる紅葉を見ながら、冬の蓄えのダイコンやネギを収穫し軒下に薪を積む。そんな季節が飛んでしまった。八〇歳のお年寄りも「こんなことは初めてだ」という。

駒止湿原に通ずる旧国道を登ってみた。急斜面のナラやカラマツが五本、一〇本と倒れてあちこちで道をふさいでいた。直径二、三十センチの幹が真ん中で裂けるように折れたり、根こそぎひっくり返ったりしている。無残な光景だ。

しかし、大木が倒れた空間は若木が育つのだろうし幹を折られた木は二股三つ股の大木に育つこともある。今眼前にあるのは数十年に一度の自然のうねりの姿なのかもしれない。だとすれば、彗星や流星群を眺めるような幸運に巡り合わせたことになる。

そう思って何だかよい気分で引き返した。雪の上に深紅に色づいたモミジの枝が何本も落ちていた。拾って帰った。晩飯は大きな花瓶にさしたモミジを眺めて豪勢な酒盛りになった。

（二〇〇二年一二月二日）

阿賀野川

「今年もお地蔵様の季節になりました」。旗野秀人さんの手紙に誘われて夫婦で新潟県安田町に出かけた。阿賀野川が越後平野に流れ出て大河の趣を見せ始める中流域の町。家の裏を流れる赤穂原川は、阿賀野川の源流の一つだから川に沿って下る百四十余キロの旅である。

桜のつぼみが固い村をあとにして道中の花は真っ盛りだったり、花びらを散らしていたり。そして目的地の温泉宿は雨に散った花びらが地面を覆い、カエデの緑が芽吹いていていた。

安田町は新潟の穀倉地帯のはずれに当たり、ここから日本海に向けて広大な平野が広がる。サケ、マスをはじめとする川の幸にも恵まれた土地は、上流の昭和電工鹿瀬工場が流した有機水銀の毒によって多くの住民が水俣病になる悲劇に見舞われた。

町で建築業を営む旗野さんはそれを座視することができなかった。「患者さんの走り使い」を自認して患者たちの活動を支え、お年寄りたちの話を聞き、裁判の手助けをし、みんなのまとめ役を務めて三十数年になる。

裁判が和解で決着したあと、旗野さんはお地蔵さんを建てたいと考えた。熊本県水俣の石を運んで刻まれたお地蔵さんは、川のほとりに建てられた。ツツガムシによる死者が多かった昔に安全を願った虫地蔵の隣に並んだ。

こうして古くから続く毎年四月の念仏講は、二つの地蔵の供養として営まれるようになった。二つのお地蔵様は水俣病がもたらしたさまざまなあつれきを和らげ、人々の心を少しずつ結び直しているに違いない。

温泉宿の晩餐は楽しいものになった。旗野さんとは三年ぶりか。人なつこい笑顔で一度にその空白が埋まる。この晩は水俣病患者で歌の名人の渡辺参治さんの米寿祝いを兼ねていた。朗々と響く歌声で座がいちだんと盛り上がる。出版社を辞めてフリーになった女性ライターは九州に住む今も時々通ってきてはお年寄りたちの聞き書きや記録を続けている。「人生で一番影響を受けたのは旗野さん」と言う。

初対面の青年も旗野さんの生き方に接して人生を変えた人だった。新聞記者を辞めて私立高校の先生に転じ、この地にこだわっている。心地よく酔いながら、人と人とを招き寄せ、結びつける力に感嘆した。

翌日は雨の中、屋内で営まれた念仏講に加わったあと家路に着いた。今度は季節を逆にたどる。風景は徐々に色を失い雨空の肌寒さに見舞われたが、心の中はほくほくと暖かかった。

わが住まいと川でつながる自然の中に、命の大切さをきずなとして力を合わせる人たちがいる。そう思いを巡らせた。

（二〇〇三年五月五日）

地区の裏山にある大山祇神社。２月半ばが祭礼で、神主さんにお祓いをしてもらう。山仕事がなくなったのでお参りに来る人も少なくなった。

真冬のわが家。積雪１メートル半ぐらいか、屋根雪がつながっている。
これからシャベルで除雪するところ。

山間を走る会津鉄道（南会津郡下郷町で）。

山村に吹く新風

山村大学

七月末の四日間、僕の住む田島町で「山村大学」が開かれた。筑波大を中心に埼玉大、東京大、日本体育大などの学生たちが民宿に泊まって自然探索や野外活動をし、農林業などについて学んだ。授業はすべて公開されて地域の人たちが参加し、一緒に体験し、考え、交流をする珍しい試みである。

主催は地元の商店主や自治体職員、若者、主婦らでつくる「南会津グリーンストッククラブ」と筑波大。県と田島町から地域づくり活動として補助金を受けている。移住したときからクラブに参加しているので、お手伝いをしながらいろいろ勉強をさせてもらっている。

これは一回こっきりのイベントではない。今回を皮切りに今年度は七回のシリーズ授業を行い、来年度からは南会津地域全体を舞台に授業を年々拡充して続けてゆく計画だ。

大学の側からすると、学校から飛び出し、現場の実体験を通して学ぶことで新しい授業の可能性を追求することができるし、受け入れる側にとっては、さまざまな刺激を受けてみんなで地域の問題を考えてゆくチャンスをもらうことになる。また、学生や先生、講師たち合わせて数十人がシリーズごとにやって来ることの経済的な波及効果も大きいはずだ。というわけで、いろんな形で地域に活力が吹き込まれるだろうと期待が膨らんでいる。

発案者の筑波大学助教授松村和則さん（スポーツ社会学）は一〇年以上も前から山村の開発や環境問題に着目して、各地の動向を研究してきた。バブル経済の崩壊で大型観光開発を免れた南会津こそ自然を生かした地域活性化ができる場所として、いろいろな提案をし、活動を続けている。山村大学は長年温めてきた構想で、今年になって筑波大を中心に数人の教授陣の賛同者を得て第一歩を踏み出したのである。

「地域住民・大学・行政のパートナーシップ」で運営することを目標にかかげて

いるので田島町の協力が得られたのはとてもうれしいことだ。新規の補助金は普通は当初予算で組むものだが、町長は「この事業の将来性に期待しよう」と異例の補正予算による支出を決断し、町議会も理解してくれたのである。これに併せて町職員が実務に加わってくれることになり、今後の計画づくりが軌道にのってきた。

農山村の活性化は全国共通の課題だけに、山村大学の呼びかけは大きな吸引力を持つようだ。記者時代に知り合った作家のC・W・ニコルさんは声をかけると「そういう大学なら」と日程をやりくりして一二月四日に来てくれることになった。私財を投じて長野県・黒姫で森づくりをしている彼にどんな話をしてもらおうか。どんな人にパネルディスカッションに加わってもらおうか。たくさんの住民が参加する公開授業の中身を練っているところだ。

このようにしてさまざまな人が南会津にやってくる。その「るつぼ」から、新しい光が生まれ出るような予感がしている。

（一九九九年八月二日）

手づくり結婚式

この日ばかりは晴れて欲しいとみんなが願った。台鞍山スキー場近くにあるペンションで知り合った若い二人が、自分たちの手で自分たちにふさわしい結婚式をと、そこの前庭で式を挙げるのだから。

オーナーのタニさん夫妻は宿を開いて五年、営業も軌道にのっている。でも、結婚式を引き受けるのは初めてだ。そこでスイスでガイドをしている息子さんが帰国し、二人のお嬢さんを加えた一家五人を中心に、友人のドバシさん夫妻と息子さんが駆けつけ、パーティーの料理を手伝う僕たち夫婦の計一〇人が当日の切り盛りをすることになった。

準備はずいぶん前から始まっている。パーティー用のテーブルとイスは近所のナガハラさんがつくった。会社の要職を定年前に辞めて移住したナガハラさんは、ここに来てから木工に手を染め、持ち前の器用さに企業戦士の集中力と研究熱心が重なってめきめきと腕を上げた。

四人が座れるテーブル八台とイスが美しく仕上がって木の香を放つ。芝生の後ろにはタニママことタニ夫人がこの日のために育てたコスモスが花を開いた。

さて当日、コスモスに秋の日が降るように注ぐ快晴となった。主役の二人は前日から来て、花嫁はプレゼントのクッキーを焼き、花婿はみんなが集めたスギの葉でアーチをつくった。朝からエレクトーンを外に運び出し、マイクをセットし、イスを並べて昼前には会場ができあがった。

二人が招待した両親や友人といったお客さんが東京方面から到着し始めて、台所は大忙しになる。カミさんはさすがに緊張感を漂わせて動き回っている。これといって特技のない僕も野菜を洗ったり、味見の参考意見を言ったり、そこそこ役に立っているのである。

エレクトーンが鳴り、友人の司会で式が始まる。門出を祝ってフラワーシャワーがまかれ、二人が参会者に誓いの言葉を述べる。子どもを入れて総勢三〇人。

小さな宴席は終始和やかな空気に包まれていた。

「夜の部は居酒屋になりまーす」とタニママが居間におでんやら何やらのごちそうを並べる。お酒の好きな新郎が、たっぷりのワインやビール、日本酒を用意しており、徹夜も辞さない構えができていた。

締めくくりは打ち上げ花火だった。花火師は隣にあるペンションのオーナーのセタさんだ。広場の池のほとりにセットした筒からぽんぽんと上がる。大きさは四寸玉ほどだが目の前ではじける見事さに驚く。「いいわねー。感激しちゃったー」。友人たちの声がうるんでいる。見上げた空に、上弦を過ぎて丸みを帯び始めた月が浮かんでいた。

一段落して、裏方の僕たちも祝杯を上げた。大仰なもの、無駄なものを徹底して排し、大切なところに気配りが行き届いた温かな結婚式。こんな賢い若者たちがいるのだ、とこちらもうれしくなる。幸せのおすそ分けにあずかって楽しいお酒になった。おいしすぎて記憶が怪しくなるほど酔ってしまったのは失敗だったけれど。ま、お許しあれ。


（二〇〇〇年一一月六日）

身近な宝

先月半ばの土曜日、僕の住んでいる針生地区で開かれた「自然ウォッチング」という催しに出かけた。一〇人ほどが参加、弁当持ちでゆっくりと林道を歩いて気に入った風景や気づいたことを記録した。

田島町の住民でつくる「夢のあるまちづくりカレッジ」というグループと針生地区の共催。メンバーである民宿やペンションのオーナー、町議、公務員のほか地区の主婦らが集まった。記録したことを話し合って地図をつくり、ゆくゆくは町を訪れる人たちに散策マップを提供したり、景観の保全に役立てたりしようというわけだ。

この日のルートは数年前にできた何の変哲もない林道だったが、歩いてゆくほどに気分がよくなった。三〇年ぐらい前に伐採された二次林で、巨木はあまりないが、再生したブナやナラの森、植林したエンジュの林と変化に富んでいる。ヒデユキさんがブナ林の中で手招きをしている。腐葉土の中からギンリョウソウが、ろう細工のような白い繊細な姿を見せていた。トシイチさんが大きなイタドリの茎を切って中の液をラッパ飲みするように吸っている。「昔は甘かったけどなあ」。「スギ玉鉄砲もやったなあ」。四〇代の参加者が終日山や川で遊んだ少年時代にタイムスリップした。

七ケ岳林道に回ると路傍に墓地があった。この一帯を仕事の場とした木地師の墓だ。「林道工事のときにここへ移したんです。まだあちこちにあって、おやじが調べているけど」とサトシさんが説明してくれる。

わずか半日の散策だったが、みんなの記憶がよみがえり自然と共にあった暮らしの姿が重なって風景が輝きを増した。メモを整理して話し合っているといろいろな提案が生まれた。

「林道から森の中へ小道をつくったらどうだ。今は雑木や草が茂って中に入れないが、歩く道があればどれほど楽しめることか」

「大キャンプ場でなく小さなものをあちこちにつくったらどうか。好みの場所で静かな野営ができる」

より具体的な案も出た。針生地区は運輸省の青少年旅行村に指定され、昭和五〇年代にさまざまな施設ができた。しかし、つくり方が悪くて利用されずに荒れているものが少なくない。それに手を加えて生き返らせようというのである。

「つり橋を渡った渓流沿いの『第二キャンプ場』はとても人気があった。ところが、つり橋は河川管理の上で問題が多いと撤去され、それっきり放置された。少し上流に橋があるので、そこから取り付け道をつくれば簡単に復活する」

「『緑の広場』に渓流の水を引いた池がある。コンクリート導水路を自然状態に改造し、池の中も水生植物を茂らせれば魚も増えホタルも飛ぶだろう」

いずれも大した費用はかからない。それどころか、多額の税金を費やしながらうち捨てられた施設を有効に使うことになる。このような身近な点検から地区の魅力を引き出し、活用する道を開きたいものだ。

（二〇〇〇年七月三日）

歩こう

こういう仕掛けはちょっとあるまい――という試みが、わが針生地区で進んでいる。住民だれでもが参加できる「針生健康づくり教室」である。

五月スタートで毎月一度、集会所に集まった参加者が地区内のコースを歩く。これが「針生＜21＞を歩く会」。そのあとに「針生＜21＞を食べる会」がセットされていて、食生活と健康のかかわりを学ぶ。運動することと食べることの両面から健康的な生活習慣を身につけようという計画だ。

教室を立ち上げたのは僕の隣に別荘を持つ筑波大学教授（健康教育学）藤沢邦彦さんだ。「正しい歩き方を教えてもらえないか」と地元の人から相談を受けたのが始まりだ。かねて「リハビリで歩く人は見かけるが元気な人が歩いていない」

と感じていた藤沢さんは、本格的な健康づくりのプランを練り上げた。

スタッフは研究室の学生ら若い人たち数人。管理栄養士、競歩の全日本大会優勝者といった人も含まれている。「何より地域の人たちの協力が必要」と考える藤沢さんは、二〇〇戸近い針生全戸の訪問調査やウォーキングマップ作成などの準備を重ね、区長さんらに理解を求めて住民が協力する態勢ができた。

時間も経費もずいぶんかかるが、「まずは行政のしばりを離れてやりたい」と助成金のたぐいは受けていない。とはいえ、息長く続けて根付かせようという中身の濃い計画だ。制約を伴わない公的な支援がないものか、と思う。

僕も早速参加した。ここに来てからさっぱり歩かなくなったし、周りの人たちが市販の栄養飲料をずいぶん飲むことや、肥満気味の子どもが多いことが気になっていたからだ。

「食べる会」は栄養の話が中心なので最初はどうしても堅苦しかったが、味噌汁を各自持ち寄って塩分濃度を調べたり、季節の食材を生かす料理など内容が具体的になってがぜん面白くなった。回を追って雰囲気が和らぎ、若いスタッフを交えた交流会のような趣になっている。

歩くことにこれほど違いがあるかと驚いた。「胸を張り視線を高く」と教えられただけのことで、道沿いの家々や遠くの山並みが移り変わって風景が新鮮に見える。八月は二人の主婦と並んで歩いた。畑の豆の話からゴーヤの育て方になり、料理法に及んでいき、話し込むうちにゴールに来ていた。

一〇月には今年の仕上げにウォーキング大会がある。一キロ、三キロ、五キロのコースがつくられていて、自分で決めた時間通りに歩いた人が優勝だ。その練習で、歩くことが習慣づけられればというのが狙いのようだ。五キロコースは家の前を通るのでそろそろ歩いてみなくてはと思っている。

（二〇〇一年九月三日）

地図づくり

暗いニュースが続く。しかし、僕の周りには、よりよい明日のために新しいことを試みる人たちが次々にやって来て元気を与えてくれる。

千葉県在住の野田雅之さんは、南会津の山里をめぐるサイクリングコースの地図づくりにしばしばやって来る。コンピューター関連会社の役員で五〇代半ば。二年ほど前に、会津鉄道に自転車を乗せて移動しサイクリングを楽しむ「トレイン&バイク」に参加してここの風土に惚れ込んだ。

村落をつなぐ旧道や峠道をゆく。緑に覆われた山道を通り、田園風景を駆け抜けて山村が現れる。「こんなにたくさんいいところがある。この豊かさをもっと生かすためにはルートマップが必要だ」。野田さんの提案で事が動き出した。

最初の現地調査は八月、首都圏の自転車愛好家十余人がやって来た。針生地区のペンションに陣取り、四泊五日で大内宿と会津盆地を結ぶ市野峠や栃木県境の田代山林道などを手分けして自転車を走らせた。

パソコンに入れた地図情報から距離や標高差を読みとってつくった候補ルートをたどる。迷いやすいポイントはどこか。景色のよいところや見どころはあるか。メモを取り、写真を撮る。ススキに覆われた旧道では擦り傷だらけになった。台風一一号の大雨で荒れた林道で難渋したチームもあった。

一〇代の学生から五〇代まで、年齢も職業もさまざまな男女が力を合わせて取り組んだ。体力も気力も生半可ではすまない作業が毎日続いたが、「難しいから面白いんだよね」とみんな楽しそうなのに驚かされた。

その後は野田さんらが少人数で二回目以降の調査に来ている。中心メンバーは年齢が近いから昔からの仲間と思ったらここ一、二年の出会いという。まるで一〇年の知己のように語り合い意見を交わしている。

「ほら、峠を越えると景色も村の感じもがらって変わるじゃない。それを感じられるのがたまらないよね」とクリハラさんが子どものように目を輝かせる。経験豊富なホリコシさんは「路面が崩れるような急ブレーキで下ってはいけない。歩く人たちには不愉快だ。ルート紹介もマナーを守れる人が来るような工夫が要るよ」と意見を出す。

今、一五本のルート候補の作業が進んでいる。完成に合わせてインターネットで紹介する予定だ。田島町周辺を走る初心者向きの散策コースもあればハードなヒルクライムもある。さまざまな人が能力に応じて楽しめる情報を発信しようという野田さんらの計画が着々と実を結びつつある。

こういう試みこそ、都市住民が南会津の本当の良さを発見し体験する手がかりになるだろう。希望が膨らんでくる。

（二〇〇一年一〇月一日）

フライングディスク

フライングディスクというスポーツを初めて体験した。お皿のようなプラスチック製円盤を投げて滞空時間や距離を競ったり、ディスクを使ったさまざまな競技があったりする。カミさんや知人たちと下郷町で開かれた講習会に出て楽しい時間を過ごした。

発祥は一九四〇年代のアメリカでパイ皿を投げて遊んだのが始まりだとか。一時はフリスビーが通り名だった。七五年に日本フライングディスク協会が発足、一五〇万人の愛好者がいる。

先生は全日本クラスの一流の人たちで、ディスクの握り方から教えてくれた。一〇メートルほど離れてディスクを投げ合うキャッチ・アンド・スローも最初は難しいのだが、うまくディスクが回転して相手にふわりと届くとそれだけで気持ちがよい。

しばらくして、「今度は風と遊びましょう」と先生が青空に思い切りディスクを投げた。風に向かって舞い上がったディスクが落ちてくる。方向を見定めて芝生の上を追いかけ、片手でキャッチする。見ているだけで空中を飛ぶような浮遊感に魅了された。

昼食をはさんでディスクゴルフというゲームをやり、まるまる一日太陽の下で遊んで飽きなかった。数日過ぎても空中を舞うディスクが脳裏を離れない。高くても二〇〇〇円程度のディスク一枚あればだれでも楽しめる。こんないい遊びがあったのか。この辺は広い芝生の公園があちこちにあるからうってつけだ。もっと広まればいいと思う。

講習会を企画した渡部貴人さんに話を聞いた。学生時代に、ディスクを使うアルティメットという競技に熱中した。アメリカンフットボールに似たパスと全力疾走の激しいスポーツ。しかし身体の接触がないので体格が小さくてもスピードと技術、判断力を磨いてトップになれる。全日本の代表に入り、世界大会で三位になった。

大学を卒業して下郷町の実家に戻った。同じ大学で知り合った佳恵さんと結婚し二人の子どもがいる。三〇歳。父母、祖父母と暮らす。米、リンゴ、野菜をつくり、塾を開いて夫婦で中学生を教えている。一度はやめようと思ったフライングディスクだが、機会をとらえては技を磨く。普及のため四月に県の協会をつくった。

「自治体の協力で公園を使って大会をやりたい。子どもの野外教育にぴったりです。農業と民宿、ディスクゴルフコースを組み合わせられないか。リンゴ畑や休耕田も使えます」。夢をたぐり寄せる熱意にこちらも引き込まれた。

彼のホームページ（http://www.akina.ne.jp/~toka/）は日本フラインングディスク協会にもリンクしていて情報が豊富だ。併せて、四世代で暮らす一家の生活ぶりも窺えて楽しい。


（二〇〇二年七月一日）

サイクルトレイン

客車に自転車を積み、一二〇人を乗せて東京と南会津を直結する「第一回サイクルトレイン」が無事に終わった。

どうなることかと心配になる天気予報だった。「秋雨前線が活発になり、広い範囲で大雨になる」。

首都圏の人々を呼び込むサイクルトレインは、南会津グリーンストッククラブが七年前に発足したときからの目標である。念願が実現するはずの九月二八日未明、事務局長の芳賀沼伸さんは非情な土砂降りの中を東武業平橋駅に向かった。

少々のことでは中止しないと決めてあったものの、どれだけの人が来てくれるのか。楽天家を自認する伸さんも今度ばかりは不安に襲われた。

だが、キャンセルは九人にとどまった。雨を衝いて集まった参加者が整然と乗り込んで列車は定刻通り発車。そして雨がやんだ。

僕は長靴姿で会津田島駅に出迎えたが、何と到着直前に雨は上がり二日間降らずにすんだ。天が味方したとしか言いようがない。

家族向きから健脚向きまで四つのコースに参加した人たちの楽しみ方はとても個性的だった。

赤ちゃんを前かごに乗せてのんびり走る人がいた。買い物自転車で参加し、駒止峠を登り切ってしまった主婦にはみんながびっくりした。マウンテンバイクを買ったものの、なかなか乗る機会がなかった、という人がかなり多く、「やっと楽しむことができた」と感謝してくれた。

これに加えて僕たちが喜んだのは、応募してきた人たちのふるまいの見事さだった。

出発駅で一〇〇人を超す受付の混乱が心配だったが三〇分で済み、乗り込んだあとのホームにはごみ一つ落ちていなかった。キャンセルした人たちも全員が三〇分前までに電話連絡をくれた。僕たちが企画した旅には、こういう人たちが参加してくれるんだ、と自信を持つことができた。

まだある。小学生の息子さんと参加した旅行誌編集長の春川隆さんは「行きは他人でしたが、帰りの車中はすっかり仲間でした。こんな楽しい旅ができるんですね」と言う。鉄道の旅ならではの魅力に違いない。来年は春と秋の二回実施する予定だ。

うれしいことはもう一つ重なった。田島小学校四年生の総合学習授業が三日、「トレイン&バイク」で行われたのだ。

若い先生たちの発案にクラブが協力、田島町周辺の村落を駆け抜ける二〇キロのサイクリングを八〇人が完走した。帰りは会津鉄道の列車、会津荒海から田島までわずか二駅の乗車だったが、車内は子どもたちの笑い声がいっぱいだった。鉄道の魅力を生かす豊かな鉱脈がここにもある、と感じた。


（二〇〇二年一〇月七日）

古道の探索

僕の住んでいる田島町針生から南郷村山口へ、峠を越えて駕籠《かご》を通した古道があった。今は所在もはっきりしなくなったその道をたどろうという催しがあって参加した。

国道二八九号駒止トンネルを抜けて山口まで車で二〇分足らずだが、トンネル開通までの旧国道は標高一一〇〇メートルの峠越えの難所であり、それ以前の一九〇七（明治四〇）年までは駒戸峠と表記される別ルートを歩いていた。江戸時代には民情視察の幕府の役人が通ったので「巡見使の道」と呼ばれた。その歴史の道を実地に調べるわけだ。

調査は三回目になる。四年前の初回は、途中の小峠の先で道に迷って引き返した。二年前は下刈り作業をしながら進み、同じあたりで時間切れになった。今度は大峠といわれる頂上まで踏破するのが目標だ。

当日はさわやかな好天になった。参加者は一〇人。区長さんをはじめ、かつてこのあたりの山を仕事場にした人など六〇代、七〇代の針生区の人たちが中心だ。やぶの中を分け入るのに備えて鉈《なた》を腰につけている。

国道から山道に入る。ほどなく「ほら、これです」と、世話役の元教員ミチヒロ先生が指さした。急な斜面に、幅二間（約三・六メートル）の路面がはっきりと刻まれている。傾斜は極めて緩く、振れ幅の広いジグザグ状を描いて登っている。がっちりと石垣が積まれたところもある。雪深く険しい山中にこれほどの道が築かれたのかと驚かされる。

前回までの到達地点を過ぎるとやぶが深くなり、直径五センチ余りの灌木をかきわけるように進む。昼食を挟んで、標高一〇〇〇メートルに達するあたりから残雪の中のブナ林になった。ブナ林の中は雑木が少なく、古道が道筋をくっきりと現している。新緑の木漏れ日を浴びて気持ちよく進むと、峠の頂上に出た。あとは平坦な林道が駒止峠の旧国道に通じている。

四年越しの探索の仕掛け人は奥会津地方歴史民俗資料館長の渡部力夫さんだ。高校を出て農家を継ぎ、田島町の依頼を受けて長らく町史の編集に携わった。資料に出てくる歴史の道を地元の人と確認しようと働きかけたのが始まりだ。

これからどうするか。「歴史の財産、自然の財産を放っておくことはない。でも土木工事をやってはいけません」という。

まったく同感だ。古道はほとんど原形のまま残っている。道を覆う草木を刈り払いさえすれば、石垣の崩れた場所など、ごく一部の手直しで元の道に修復できる。安全で、静かで、ゆっくりと自然を満喫できる願ってもない場所だ。地元の人も、訪れる人も、みんなが安らぐことのできる歴史の道の実現に力を合わせたいものだ。

（二〇〇一年六月四日）

古道の復元

わが村、田島町針生区でとても面白い企てが始まった。江戸時代に幕府の視察団が峠越えした古道をよみがえらせようという地元の人たちの考えに、都会のボランティアが協力。雑木を切り、下草を刈って昔の道が姿を現したのである。

発端は五年前だ。「巡見使の道」として記録に残る街道が本当にあったのか、今、どんな様子なのか、まずは確かめてみようではないか。地元の有志が集まって探索に乗り出した。数回の調査で隣の南郷村山口へ通じた峠道が、ほとんど完全に近い形で残っていることがわかった。

さて、木々に覆われた街道をどうやって再生させるか。地元だけでは手に余る。頭を悩ませていた区長の星昭一郎さんらに、ＮＰＯ法人「南会津グリーンストッククラブ」がアイデアを出した。都会からボランティアを募って一緒に道の刈払いをやりましょう、と。

こうして、九月一四日から二泊三日で約二〇人のボランティアがやって来た。「地球緑化センター」に登録している主に首都圏の人たちだ。全国各地の間伐や下草刈りに毎年出かける経験者が多い。これに針生の人たち、クラブ員、応援メンバーの筑波大女子学生らが加わり、計約四〇人が参加した。

当日、四班に分かれて現場の作業が始まる。めいめいノコギリや鉈を持つ。地元勢は「今は機械だからなあ。ノコなんて何年ぶりだか」と言いながら、すぐに勘を取り戻して手際よく雑木を切り倒してゆく。初めての女子学生には手とり足とりで切り方を教え、和気あいあいの共同作業がはかどった。

夜の交流会。「旅費を払って、難儀な仕事に来る人がこんなにいるなんてどうしてかね」。地元の率直な疑問に「だって楽しいんですよ。山は素晴らしいし、空気は澄んでるし」と参加者が答える。

「われわれ中高年が多いから、若い女性がいると元気が違います。これからもよろしく」と本音が出て爆笑になった。笑いの中で、来年も続きをやりましょうと確約ができた。

この先どうするか。星区長は「身近にある貴重なものだから大切に扱いたい。重機を使うような工事は絶対やらない、と役員会でも一致したんです」と地元の気持ちを代弁する。

一〇月、二回のワークショップを開いた。多くの人たちから自由な意見を出してもらった。浮かび上がってきたのは駒止湿原、台鞍山スキー場と結んで自然散策や学習、健康づくりの場にしようというイメージだ。そのためには、足元の問題に目を向けて、村を生き生きしたものにしようという提案がいくつも出た。古道の復元を軸に、村の将来図が見えてきた。


（二〇〇二年一一月四日）

ウサギ狩り

三月初旬、七ケ岳山ろくでウサギ狩りをした。参加したのは首都圏からの若い夫婦や筑波大の学生らの遠来組に、小学生が混じった地元の家族連れが加わって十数人。初日はカンジキをつくり、二日目にそれをはいて猟友会の人たちが行う有害獣駆除のウサギ狩りの勢子《せこ》を務めた。

グループに分かれ、さらに一人一人が離れて広がり、雪の斜面を登ってゆく。「オーイ、ホイホイ」。思う存分に声を張り上げてなかなかよい気分だ。足元を気にして声が留守になると「聞こえないぞー」と注意が飛ぶ。安全のためにも大声が大切なのだ。

一回目は一時間近く歩いて空振りに終わった。ウサギが方向転換して逃げた足跡があった。二回目、場所を変えて急な斜面を追い立ててゆくと、上のほうで二度、三度と銃声が響き、山々にこだました。下りてきたハンターたちの手に二羽のウサギが下げられていた。

たき火を囲んでの昼食のとき、猟友会の人が獲物のウサギをさばいた。白い毛皮がくるりとはがれ赤紫の肉が現れた。胃袋をさくと、消化しかけた木の芽や樹皮が現れ、木のにおいがした。生と死、命のめぐりの生々しさに厳粛なものを感じて興奮した。小学生たちもじっと見つめていた。

背中の肉を少し切り取って試食した。最初は生で、それからたき火であぶってみて。脂肪がほとんどないので、どこまでも淡泊な味だった。

帰りは一人で雪道を歩いた。痛切に感じたのは僕たちの暮らしが今、どれほど自然から遠ざかってしまったか、ということだ。毎日のように肉を食べているのに、それが動物の命を奪って得られたという実感がない。雪を真っ赤に染めたウサギの血がそのことを教えてくれた。

仕事で山に入る人がほとんどなくなってしまった現在、山の自然を一番よく知っているのは猟友会の人たちだと思う。いつも世話役をやってくれる阿久津毅一さんは四〇年の狩猟経験を持つ。今年還暦を迎えるとはとても思えない若々しい笑顔で次から次へと山の話を聞かせてくれる。

ウサギやクマがどれほど賢いか、自然について人間よりどれほどたくさんのことを知っているか。

毅一さんは昨年秋、田島小学校の総合学習授業で川遊びの先生を務め、四年生とアユの刺し網漁をやった。「子どもたちが『楽しかったー』って。それが一番うれしかった。もっと川で遊ばせたいね。こんなに楽しいってわかれば、自分の町を大事にするよね」。

ウサギ狩りに参加した子どもたちや、川で遊んだ子どもたちの中から、本当に自然を大切にする人間がきっと育つと思った。


（二〇〇三年四月七日）

針生地区を見下ろす琴平神社の祭礼日。集落の輪番で当番があり、
その年の当番集落の人たちが参道を清掃し、のぼりを立てる。

環境を守る骨折り

原発の正月休み

山里の暮らしも、茨城県・東海村のウラン加工施設で起きた臨界事故に揺さぶられた。九月三〇日はたまたまテレビをつけなかった。一日の未明に目が覚めて、ふとスイッチを入れ、初めて事故を知った。

冷却水を抜こうと試みたが排水栓が開かず、周辺住民の避難範囲を広げることを検討し始めたところだった。その後、冷却水を抜き取ることができて何とか臨界状態が収まるのだが、この一時間ほどの間に画面に登場した中央官庁の担当官僚も自治体の首長らも事態をまともに説明することができなかった。うろたえた表情の一つ一つが彼らに住民の命を守る能力のないことを物語っていた。

近所にも東海村から避難してきた家族がいた。外国のテレビニュースを見た知人の助言で、幼い子どもたちを連れて逃げてきたという。二日ほどして事態が沈静化し東海村に戻ったが、この人たちは無駄なことをしたのだろうか。とてもそうは思えない。臨界状態の悪化が予想される状況にありながら責任者たちは一〇キロ以内の住民に屋内退避を要請したまま手をこまぬいていたのだから。

もう一つ、頭を悩ませたのはコンピューターの誤作動によるさまざまな障害が予想される「二〇〇〇年問題」だ。この難しさはどのような障害が起きるのかだれにも予測ができないところにある。

参考になったのは「週刊金曜日」掲載の新田穂高氏のリポートだ。「Y2K市民ネットワーク」や茨城県・守谷町の取り組みを取り上げている。その説くところは「問題が起きる可能性があるのだから準備をしたほうがよい。その準備は自分だけが生き残ろうとするのでなく、近所の人たちや自治体レベルで助け合うスタイルを見直しておくこと」であり、「地域の防災を見直す一環として取り組んでいる」という。

守谷町は内容をインターネットで公開している。これにならって身のまわりを点検してみた。水、食糧、燃料を一週間確保できるかどうか。水は裏を流れる渓流でくめる。食糧も大丈夫。寒い季節の暖房と煮炊き、照明に不安があり、電気なしで点火できる灯油ストーブを買い足した。

これとカセットガスコンロ、登山用のガスランプなどを使えば問題なさそうだ。近所には薪を燃料にしている家もかなりある。融通しあえば一カ月以上のライフライン確保ができるだろうと見当がついた。

問題は原発だ。世界で稼働する四三三基の原発にトラブルが起きないとはだれも保証することができない。起きれば深刻さは東海村の事故の比ではない。よい方法だと思うのは「原発に正月休みを」という市民団体「Y2K WASH」の提案だ。原発とその関連施設を一二月一日から運転停止することを求めて署名活動を進めている。停止期間を安全性点検にあてられるのだから、原発推進の立場の人も同意できるはずだ。

原発の冬休みを求める署名をして僕の二〇〇〇年対策の一区切りとした。

（一九九九年一一月一日）

壊れる風景

春分の日に新潟で会合があって、車で二泊三日の旅をした。驚いたのは新潟市とその近郊市町村の沿道風景の無残なまでの変わりようだ。赤、黄、ピンク……。沿道の建物も看板も、刺激的な色に塗りたくられている。車用品、靴、電気製品、本、薬などの店、レストラン、パチンコ店。そのどれもが巨大さと刺激的な色彩を競う。

越後平野に点在するこれらの街は、灰色のやや暗い印象の中に、落ち着いたたたずまいを持っていたものである。あれはどこへ行ってしまったのだろうか。僕もカミさんもどぎつい色のはんらんに疲れ、しばしば道を間違えた。

もっとも、このような現象は新潟に限ったことではない。かつて出張先の四国でも、九州でも、北陸でも、空港から街の中心に向かう沿道は同じような光景が現れ、一瞬どこにいるのかわからなくなるような経験をしたものだ。残念ながらわが福島県も例外ではない。県庁所在地にしては簡素で好ましい街だった福島市にも、城下町の白河市、会津若松市にも個性をなくした沿道が広がっている。

落ち着いた生活の場であるはずの中小都市が醜く変わるのはやむを得ないことなのだろうか。人は美しい空間の中で暮らすことを求めないのだろうか。

二つの例を知っている。一つは大分県湯布院町。小さな温泉場の旅館主らは由布岳を仰ぐ素朴な町の風景こそが最も大切なものとして、町の条例を盾に大ホテルの進出やゴルフ場開発を食い止めた。看板の大きさも色も規制した。不況のさなか、町を訪れる滞在客が引きも切らない。

もう一つは神奈川県真鶴町。まちづくり条例の基本に「美の基準」を据えた。主観的な指標と見られがちな「美」が実は共通の価値を持つことを話し合いを通して町民が気づき、合意したのである。町のマスタープランの掲げるビジョンは「真鶴の海に夜光虫をよみがえらせる」というものである。こうして町の公共事業は狭い道路を広げることよりも、昔ながらの歩道である「静かな背戸」を整備することや、循環ミニバスの運行に力が注がれている。美しい風景の中で安心して暮らせる町をつくろうと地道な努力を続けている。

僕の住むような山村の風景も、いつ壊されるかわからない時代である。現に景観を台なしにする無神経な公的私的な建造物が散見する。今、行政は地域活性化やグリーンツーリズム推進の音頭取りに熱心だが、肝心なことは取り組まれていない。農村風景をどう維持するかの論議が放置されたままなのだ。

県の景観条例重点地区に磐梯山周辺が決まったのは一歩前進だが、これは「観光資源を守る」ところに力点がある。自然と調和した身近な生活の場こそ、守るべき大切な空間だと思う。県に任せておくのでなく、町や村や住民が守る手だてを考えなくてはなるまい。

花の下にて……ではないけれども、美しい風景を後世に残して死にたいものだと思う。

（二〇〇〇年四月三日）

湿原保護の請願

田島町議会へ、駒止湿原の保護を求める請願を出しに行った。針生区長の星昭一郎さんが代表で、二人の地元選出議員が紹介議員。湿原の出入り口にあたる区の住民の総意をまとめた請願である。

地元の人たちに混じって新住民の僕らも議長室を訪ねて成り行きを見守った。議長らは誠意ある態度で話を聞いてくれ、総務委員会で審査の上、九月には採択される見通しになった。

駒止湿原は国指定の天然記念物。尾瀬ヶ原を小さくしたような自然の宝庫だ。開拓で荒れた周囲の民有地を田島町が中心になって買い取って植林をするなどの保護策が進んでいる。難問は、年間一〇万人という来訪者をどうするかだ。

曲がりくねった狭い山道に観光バスや乗用車が殺到する。湿原脇の小さな駐車場があふれ、路上駐車の車がひしめく。週末ごとに繰り返されている光景だ。大駐車場をつくれ、道路を広げろ、という声が上がれば、たちまち湿原から針生地区にかけての自然環境は壊れ、観光地の喧噪に包まれかねない。

請願はこうした問題への理想的な解決策となっている。一、既設の台鞍山スキー場を駐車場にし、湿原まで九キロをシャトルバスで結ぶ。二、スキー場に駒止の自然を学べる情報コーナー、地元特産品販売場を設ける。ここには、「貴重な自然を決して壊さない」という切な願いが込められている。シャトルバスに無公害車を使うことも求めていて、自然公園利用のモデルケースとなる内容だ。

うれしいのは、提案が針生区民の請願としてまとまって議会に持ち込まれ、しっかりと受け止められたことだ。議会を通して住民の求める政策が実現する民主主義のお手本といえる成り行きだ。

正念場は請願採択の先だろう。車の入山規制やシャトルバスの運行など、あまり前例のない事柄だ。国や県の規制、補助金の仕組みとは合わないことが多い。行政に任せっぱなしでは既存の枠組みに負けてゆがめられたり、すり替えられたりしかねない。そのとき、僕たちが求めた肝心かなめのところが崩されぬよう町も議会も頑張ってくれることを期待している。

昨今、市町村議会の定数削減が流行だ。「町民の意思を反映していない」とか経費削減が理由だ。田島町議会も特別委員会が「二人削減」の結論を出したばかりだ。これはおかしい。まるで血管が詰まっているから血管を取り除いてしまえ、と言わぬばかりだ。

むしろ議員も町民も、どうやったら機能を回復できるのか、お互いに智恵を絞るべきだと思う。駒止湿原の問題は、町議会が議会本来の役割を果たす絶好の機会にもなるだろう。

（二〇〇一年七月二日）

林道と裁判

先月初め、会津高田町の大滝林道を歩いた。ブナの天然林で知られる博士山のふところから流れ出る美しい川に沿った古い道で、渓流の水音に包まれて大自然に身を浸した。

といってもハイキングではなく、裁判の資料づくりを兼ねた見学会に参加したのである。ここには広域基幹林道大滝線という県の計画があり、すでに工事が始まっている。「博士山ブナ林を守る会」の人たち数十人が、工事の差し止めを求めて住民訴訟を起こし、五年ほど審理が続いている。

裁判での主張はいくつもあるが、要点は県営宮川ダムの水没住民の生活再建にキノコや山菜を採るための林道建設が必要だ、という県の言い分が理にかなっているのかどうかに絞られている。これに対し「昔からの林道があるのだから、少し手入れして使えば十分だ。幅五メートル、延長一六キロもの林道をつくるのは無駄な上に肝心の自然の営みを壊してしまう」というのが原告の主張だ。

朝、東瀬紘一さんら原告となった守る会のメンバーやブナ林に関心を持つ人たち十数人が集まった。東京の弁護士で原告の代理人を務める井口博さんが旧林道の様子をビデオ撮影して裁判所に提出する段取りを説明して出発した。

入り口では広域林道の工事が続き、重機が岩盤を削っていた。旧林道は草や雑木がのび放題だが、川に近づいたり遠ざかったりしながらなだらかに進む気持ちのよい道だ。歩く足元にカモシカの食痕があり、上空にオオタカやクマタカが見られた。道脇の大木の根元にほこらがあり山の神が祭られていた。

道はところどころで、そそり立つ岩肌の際を通る。がけの上に渡した板が腐りかけているのでこわごわと歩いた。危険な状態だが、今の土木技術なら簡単に改良できるだろう。

現地を歩いて、県の林道計画が地元の人たちの生活とはかけ離れていること、長い間人々の暮らしを支えてきた道と周囲の自然を壊してしまうものであることを実感した。

井口弁護士は、費用をかけただけの効果が得られない無駄な事業だという立証に自信を持ち「林道建設によって貴重なものが失われるマイナス効果も、きちんと評価してもらいたい」と、裁判所がもう一歩踏み込んだ判断を示すことを期待している。

公共事業の矛盾が指摘されながら国や自治体行政はフェアな対応を怠っている。裁判の場で、自然の恵みや人々の幸せという普遍的な価値が大切にされ、それに基づいて公正な判断が示されることが矛盾解決の最後の道だろう。そのときがきたように感じる。

裁判は来月、県側最後の主張を出して審理が終わり、判決を待つ。

（二〇〇一年一一月五日）

ブナ林伐採

只見、桧枝岐《ひのえまた》など南会津の奥深い山に残る天然林を伐採する計画が今にも決まろうとしているのをご存じだろうか。林野庁が管轄する会津の国有林を、来年度からの五年間でどうするかという計画である。

一般住民に縦覧中で、意見書を出すことができるのだが、その締め切りが一〇日という。大慌てで南郷村にある会津森林管理署南会津支署に出かけた。

国有林を巡る最近の動きを僕なりにまとめるとこうなる。ブナ林伐採や林道建設による環境破壊に対して批判が頂点に達したのが数年前。独立採算制の下で赤字が膨らみ、乱伐に走る構造を改めようと税金を投入する方向になった。「営林署」が森林管理署と改名されたのも「営利だけではない」との意味合いだ。

昨年暮れ「林政改革大綱」が出され、それを受けてこの七月、森林・林業基本法が制定された。「木材生産を主体とした政策を抜本的に見直し、国土、水源、環境などの保全を図る多面的機能を維持する政策に変える」ことが法の理念に据えられた大転換だ。だから、今までのような原生林の伐採はなくなるだろうと多くの人が期待した。

支署に行くと五冊の書類があった。計二五八ページもあって、それぞれの意味や文書相互の関係などさっぱりわからない。二時間ほど粘り、四〇ページ余りをコピーしてもらって帰った。ためつすがめつ読んで一〇〇ヘクタール、二〇〇ヘクタールという単位でブナの天然林を伐る計画であること、新政策の核になるはずの遺伝子保存林、生態系保護地域などは新設はゼロ。尾瀬の保護地区など既設のものを列挙したに過ぎないことなどがわかった。

いったいこれはどういうことか。野鳥の会の長沼勲さん宅を訪ねてみた。長沼さんらは「これでは、どうにか保たれてきた南会津の生物多様性が一気に崩れ去る」と危機感を募らせ、会員に意見書提出を呼びかけていた。問題点は山ほどあるが、一番は希少野生生物の調査をしていないことだという。これは官庁内のルールにさえ触れるはずで、農水省や林野庁が出した通達や訓令を守らずにつくられた計画ということになる。

加えて僕は、縦覧方法に疑問を持つ。ほとんどの人が知らないのが実態だし、縦覧に行ってもこれまでと新法のもとでの計画と、どのように具体的な変化があるのか。肝心の事柄が何一つ説明されていない。

放っておけばこのまま計画が決まってしまう。僕はこの記事のコピーにいくつかの点を書き加えて意見書として送ることにした。皆さんもぜひ意見を送ってほしい。

宛先は〒三七一―〇〇三五　前橋市岩神町　関東森林管理局長。「一〇日まで必着」とある。

（二〇〇一年一二月三日）

ブナ林の価値

二月末、林野庁にブナ原生林伐採計画中止を求める要請書を出した。これには県内をはじめ全国の二万六一一四人が賛同した署名が添えられた。昨年一二月、この欄で、日本野鳥の会南会津支部がブナを守ろうと取り組んでいることを紹介し、意見書提出を読者に呼びかけて以後の急展開である。

福島市の読者が、首都圏の渓流釣り仲間に知らせたのがきっかけで、署名活動に発展した。この間、僕はずいぶんたくさんのことを学ぶことができた。ブナ原生林の大切さについて、伐採計画の愚劣さについて。

ブナのことがよくわかったのは河野昭一先生の講演を聴いたからだ。京都大学名誉教授で国際自然保護連合委員、毎年世界の森林を調査観察に歩く行動的な専門家。伐採計画のことを聞いて、只見町での講演会に駆けつけてくれた。

北米、中国、ヨーロッパに分布する主要なブナ林は伐採や環境悪化によって消滅に近い状態にあるという。河野先生が強調したのは、世界の中で日本のブナ林のみが、かつての素晴らしい原形をまだ保つ貴重なものだということだ。

一本の母樹が数万個の実をつけて野鳥やリス、クマなどに餌を供給し、樹下の豊かな草木や土に水を蓄えて多くの生命をはぐくむブナ林は、またそれらの生命によって支えられる。こうした多様で複雑な支え合いの仕組みによってブナを主体とした原生林は維持されている。だから、絶対に人手を加えてはいけない。たとえ抜き伐りでも集団の維持を危うくすることがあるし、下草を刈ることも、種子の眠るベッドを攪乱して致命的な打撃を与える、と河野先生は説く。

それなのに、林野庁は「約三〇%を伐る択伐によって、森を活性化させる」と最新の生物学の知見と正反対の理由を持ち出している。無知なのだろうか。人工林を間引く間伐や、生長に見合った材を伐る里山利用とごっちゃにして僕たちを混乱させようとしているのだろうか。

また、地元産業のためにナメコ原木や木材加工用材の供給が必要という。これもおかしな話だ。ナメコ用なら里山の雑木で足りるのに何でブナの古木を伐るのか。木工に重用される広葉樹といえばケヤキ、トチ、クリといったところが常識だ。ブナは加工用としてそれほど重要ではない。

「会津のブナを守る連絡協議会」は引き続き署名を集めて三月末に再度中止を求める。野鳥の会はこのほか尾瀬を含む南会津一帯を世界自然遺産に登録する運動を用意しているし、「生物多様性国家戦略」の見直しをしている環境省はホームページで国民の意見を募り、多くの人が意見を寄せるよう求めている。さて、さて。また勉強をしなくてはなるまい。

（二〇〇二年三月四日）

敗訴

「原告らの請求をいずれも棄却する。訴訟費用は原告の負担とする」。五月一四日、福島地裁一号法廷。林道工事をやめるよう住民が求めた六年越しの裁判はわずか七秒の判決言い渡しで、住民の敗訴に終わった。

判決主文は簡単なものと知ってはいても、そそくさと立ち上がって硬い表情で退席する裁判官たちの姿に人を突き放すような気配を感じて、茫然とした。原告代理人の弁護士井口博さんの話を聞き、判決文に目を通してみると、その印象が間違いでないことがはっきりした。

会津高田町と昭和村にまたがる博士山。一帯はブナの原生林が残り、イヌワシやクマタカが生息する。ここを通過する県の広域基幹林道大滝線建設に住民がストップをかけようとしたのがこの訴訟だ。主張の要点は「林道によって貴重な自然が破壊される。つくる必要性がなく、税金の無駄遣いで地方財政法に違反している」というものだ。

判決はこうした住民の問いかけにまったく答えようとしなかった、といえる。「自然を守ろう。十分な環境調査が必要だ」と環境アセスメントの不備を突いた核心部分には「行政は十分調査している」とまるでのれんに腕押し。林道をつくる目的、理由は何か、かけた費用に対して十分な効果が上がらなければ不必要な事業ではないかと「費用対効果」の分析を求めたのに対しては、判断を避けて「首長には広い裁量権がある」とした。

判決後、県庁内の記者クラブで行われた会見で原告団長の東瀬紘一さんは「時代に逆行した行政追随の判決だ」と断じ、最高裁長官が憲法記念日の記者会見で「裁判官が社会の変化を敏感にとらえて従来の判断を変えることが望ましい」と述べたことに触れた。

公共事業の無駄や自然破壊の弊害をどう克服するかが主要な政治課題にさえなっている今、裁判官が果たすべきはまさに行政の言い逃れや誤った論理を裁くジヤッジ役であろう。その役割を放棄し、時代が求める存在感を示すチャンスを逃した判決を最高裁長官はどう読むだろう。

会見が終わって、県庁内の一隅に原告たちが集まった。山形県や新潟県で環境問題に取り組んでいる人たちの顔も見える。「ひどい判決ではあったけれど、その分、次は戦いやすい」というのが一致した感想で、井口さんは「控訴審では判決の矛盾点を突いてゆくことができます」という。

それにしても、これから先、またまた多大な労力と時間と費用を費やすことになる。勝訴しても一円の得になるのでもないが、理に合わぬことをただすため先を見据えている。敗訴直後の原告住民たちの毅然とした姿にこちらが逆に励まされた。

（二〇〇二年六月二日）

脱ダム

松本市で暮れに開かれた「脱ダム国際シンポジウム」に出かけた。「長野県においては、出来得る限り、コンクリートのダムを造るべきではない」と宣言した田中康夫知事、その知事を圧倒的な支持率で再び選んだ県民。公共事業を変え、自然を取り戻す潮流が今、どう進もうとしているのか直接知りたかった。

仕掛け人は長良川を出発点に川を守る運動を発展させてきた天野礼子さんだ。知事がパネリストに名を連ねたシンポジウムに五〇〇人収容の会場は座れない人も出る入りで、静かな熱気がみなぎっていた。

最初に登場したオーストリア在住の環境コンサルタント、カール・ジンクさんは昨夏ヨーロッパを襲った大洪水について語った。

欧州各国は一〇年ほど前から、ダムやコンクリート堤防によって洪水を閉じこめるやり方をやめて、遊水池やはんらん原を復活させる「再自然化」を図るよう河川政策の転換を進めている。そのさなかの大災害である。「ダムや堤防はやはり必要だ」という意見が復活したかもしれない、と僕は思っていた。

まるで違った。ドイツ政府が決定したのは、堤防や堰を取り払う政策転換をいっそう早めることだった。再自然化政策が遅れているという批判も出たのだという。脱ダムが揺るがぬ方向であることを大洪水が浮き彫りにした。

天野さんはブッシュ政権下のアメリカでもダム撤去が加速していることを報告した。シンポジウム直前に熊本県の潮谷義子知事が荒瀬ダム撤去を決めたことが討論のテーマになった。田中知事はこのことを「素直に評価したい」とした。

しかし上流の川辺川ダムの問題が切り離されていることを指摘して、「脱ダム」が国を巻き込んだ政策転換となるのはまだ遠い現状を説明した。

印象的だったのは、国が提案を募集している構造改革特区について「皆さんのアイデアをぜひお願いしたい」と会場に呼びかけたことだ。「メールでどんどんください。アドレス入りの名刺。今日は二〇〇枚持ってきてます」。知事と県民の間に信頼が生まれていることが感じられた。

翌日、松本の隣町にある父の実家の墓参りをした。墓地は木々に埋もれていたのだが、二〇年ほど前に、脇を流れる小川がU字溝になってから地下の水脈が断たれたのか、次第に枯れて裸になってしまった。

家を継いだ若い夫婦は乾燥に強い木を植えるなど、頭を悩ませている。友人に相談すると「知事に話せばいいよ」といわれたそうだ。

農村地帯でも、田中県政がこれほど身近に浸透しているのか。公共事業の転換は長野から実現するに違いない。わが福島にもこの流れを早くつくらなくては、と思った。


（二〇〇三年一月二日）

湿原を守る

「駒止湿原案内ボランティア養成研修会」というのに参加して目を開かれる思いをした。

田島町と昭和村でつくる駒止湿原保護協議会が企画して住民から希望者を募り、両町村の住民約二〇人が参加、昨年一〇月から一年間の課程だ。

研修は静かな熱気に包まれている。勤め人、ペンションのオーナー、主婦らが平日の夜、時間をやりくりして駆けつける。皆勤に近い人が大半だ。講師の五十嵐徳三先生はほとんど休憩もとらずに話し、時に二時間を超えた。冬の間の基礎講座に続き、現地研修や実地の模擬案内などが予定されている。

湿原を構成する泥炭とはどういうものか、という福島大学名誉教授樫村利通さんの講義に教えられた。沼地にヨシやガマが生え、やがてミズゴケが群生する。それらの死がいが長い年月をかけて分解、沈殿して泥炭層になり、低層湿原から高層湿原へと発達する。駒止では厚さ約一メートル。植物繊維のネットワーク構造が「土」なのだ。掘り起こしたりすれば繊細な構造が崩れてしまうので、埋め戻しても元には戻らない。

表面はミズゴケが密生して水分の蒸発を防いでいる。踏まれれば、壊れて乾燥し、周囲に及んでしまう。「植物を荒らさない」というような一般的なマナーでは保護は難しいのだ。

さて、湿原保護はどう取り組まれているのか。数億円をかけて周辺の開拓農地を買収して公有地にし、ブナ林の復元を目指す植林事業も始まった。しかし、シーズンに押し寄せる観光客が木道を外れて湿原を踏み荒らし、周辺に車があふれる現状には、これといった手が打たれていない。現在、植物や水流などの基礎調査が進行中だ。その結果をもとに、専門家による委員会が保存管理計画をつくるというのが国や県を含めた行政のスケジュールだが、深刻な現状を打開しようという切迫感は感じられない。

一つの具体策がすでに提案されている。二〇〇一年に田島町議会で採択された「シャトルバス運行」の請願である。骨子は「ふもとにある台鞍山スキー場を駐車場にし、駒止を学ぶ情報コーナーを設ける。入山者はシャトルバスを運行して運ぶ」というものだ。

意図は明快だ。湿原とその近くにモノをつくらず、野放図な入山に歯止めをかけて何よりもまず湿原を守る。その上で来訪者には、湿原についてしっかりした知識を得てから体験してもらう。これこそ、かけがえのない共有財産を生かす道であろう。

この実現には、交通規制や入山規制、近隣地域との利害調整などの解決が必要だ。これまで敬遠してきた難問だが、いつまでも避けて通るべきではない。専門家の保護計画つくりも理念を示してここに踏み込むべきだし、多くの住民が学び、発言してみんなが納得できる保護策を実現したいものだ。

（二〇〇三年二月三日）

駒止湿原の秋。
ワタスゲやニッコウキスゲの咲く初夏には狭い木道に人があふれる。

田子倉湖畔のブナ林を調査する。
右端が河野昭一京都大学名誉教授（2002年６月、南会津郡只見町で）。

「地域」のある暮らし

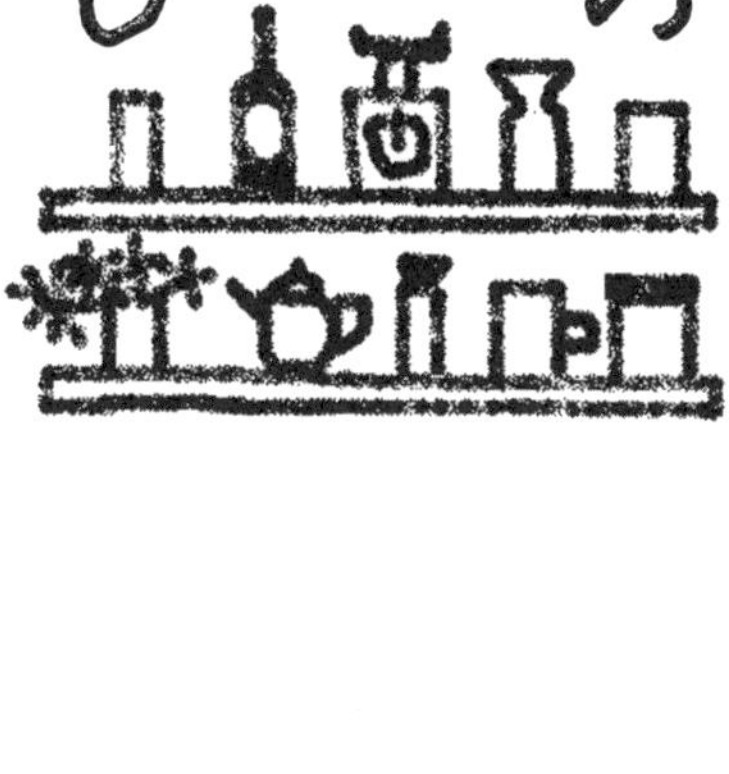

校庭の運動会

九月三日は、針生小学校の運動会だった。住民約六五〇人の地区の中心にある学校の運動会は、みんなが楽しみにしている。雨上がりの青空が広がって朝から浮き立った空気に包まれ、僕たちもそわそわと出かけた。

台風崩れの低気圧が通り抜けた名残で強い風が吹いた。そのため、お弁当は屋内で食べることになったほどだが、僕は「風の又三郎」を連想していっそう気分が高揚した。

「どっどど　どどうど　どどうど　どどう」「さはやかな九月一日の朝でした。青ぞらで風がどうと鳴り、日光は運動場いっぱいでした」。独特なリズムを刻んで始まる透明な物語の世界がそのまま目の前に広がるように感じられた。

一年から六年まで合わせて四五人、教職員一〇人。小さな校庭に、だ円形の走路が描かれ、それを取り囲んで持参したシートや折り畳みイスが並んで家族の見物席ができる。離れたところに住む親類たちもこの日は皆やって来る。

全校紅白綱引きに始まるプログラムは三三種目もあって、大人たちの出番もたくさんある。六つの地区が競う対抗リレーは小さな走路の急なコーナーを大の男たちが地響きたてて走り抜ける。子どもたちも全員参加で次々出場するから応援席もとても忙しい。出場者を紹介する場内放送は「マドカさん、ヨシノリ君」というように全部ファーストネームだ。

盆踊りの輪が校庭いっぱいに広がった。若い父親のチカラさんが太鼓を打ち、昔鍛えた声が若々しいキヨシさんが唄《うた》う。針生に古くから伝わるゆったりした踊りで、子どもたち、親たち、おじいさんおばあさんと次々に加わってゆく。お年寄りたちの達者なことは目を見張るばかりだ。若い人たちがきっちりと型を踏む感じなのに対し、こちらは自由自在。足の踏みだし、手ぶりの一つ一つが表情豊かだ。

家族の輪があちこちにできて昼食になる。それを挟んだ午後の部は、小学生全員の鼓笛パレードで始まった。学齢前の子どもたちがはしゃいで周りを駆け回る。よちよち歩きの幼児がその後を追う。大勢の子どもがいるのにこの日は一度も泣き声を聞かなかった。

午後二時過ぎの紅白リレーで運動会が終わった。秋の日差しの中を三々五々家路につく人たちの満ち足りた表情にこちらの心も和む。明治初年につくられた小学校。小さな校庭を舞台にした運動会は、文字通り赤ちゃんからお年寄りまでが一つになって楽しむお祭りだ。生きている幸福とはこうした一日を持つことではないか。

児童数が基準を割ったことを理由に、いとも簡単に小学校が廃校になる。しかし、山村の学校は子どもの勉強のためだけにあるのではない。学校をつぶすことは地域の人たちの生きる喜びを奪う愚行だ。そんなことを許してはいけない。快い一日を陶然と振り返りながらそう思った。

（二〇〇〇年一〇月二日）

議会の公開

近くにあって遠いものは……なぞなぞではないけれど、町議会についてしみじみそう思う。

三月のこと。田島町議会を傍聴に出かけた。ちょうど新年度の予算が審議されるので、移り住んで半年が過ぎた永住の地の町政のあらましを知るよい機会だと思ったからだ。

傍聴席にはとても簡単に入れるので気分がよくなった。というのも、しばらく前に国会を傍聴して、ひどく窮屈な思いをしたからである。紹介議員の手配で通行証をもらい、両側に立つ衛視の視線を浴びながら地下通路の入り口にたどりつく。そこでバッグを預け、入念なボディチェックを受けてようやく入り口が開いた。がらがらと重い扉の中に入った瞬間「二度と生きて出られないのではないか」と、妙な錯覚に囚われたものである。

警備の重要さはわかる。だが、これでは国民を国会から遠ざけるばかりだ。何とかならないものかと腹立たしかった。そんな記憶がよみがえるだけに「わが町の議会はいいなあ」と幸福感に浸った。しかし、それはつかの間のことだった。

休憩時間に議案を見ようと議会事務局に行った。すると議決するまでは議案は見せられないという。おやおや。議場では議員も町の幹部も議案書を見ながら審議するのだが、傍聴人には何にもない。例えば条例の第三条で質疑がされているのに、そもそも条文に何が書かれているのか知ることもできないのである。

その後、六月にかけて僕は二、三度議会事務局や町の総務課にかけ合ったが無駄だった。審議中の案件は公開できないというのが議会運営委員会の考えであり、これまでも公開したことがない、というのである。町当局は議会の意思を無視できないという。

「議会だより」には「町政を知るよい機会です。あなたも傍聴してみませんか」といつも書かれている。町の広報には「開かれた町政」「町民参加」が基本姿勢だとしている。いったいあれは何なんだろうか。

議案の公開について近隣の南会津郡六町村に聞いてみると、どこもほとんど同じ状況であった。しかし、会津若松市は議会に説明したのち、マスコミに議案を発表し同時に市政情報コーナーで公開する。福島県も同様だ。各地の友人に聞いてみると、県や市はほとんど公開しているが、町村となると公開はまれという図式が浮かんでくる。

どうやら小さな町村ではマスコミの取材もなく、傍聴者もめったになく、公開の要求もない。そこで何十年も前の慣例が定着してしまった、というのがことのなりゆきらしい。根拠の乏しい慣例をやめて、公開の原則に沿うよう改めてほしい。

断っておくが、県議会、市議会でやっているからそうするべきだなどと言う気はまったくない。あくまで住民の問題であり住民が判断すべきことである。

二六日は田島町議選挙の投票日だ。議会を私たちの身近なものに変えてゆくきっかけになってくれればと思う。


（一九九九年九月六日）

町道の除雪

この冬は雪が早く来て、一二月の初旬からせっせと家の周りの雪かきをしている。雪の多い地域に暮らす人たちにとって、除雪は冬の最大の労苦とされるが、僕にとって、田畑が休みのこの季節、体を使って楽しめる願ってもない「仕事」なのである。

いや、そんな理屈以前に、何しろ雪が好きでたまらない。雪が降り積もるのを眺めているとわけもなくうれしくなり、外に飛び出したくなる。静岡生まれのカミさんも同様で、うっかりすると食事の時間も忘れて雪の中で動き回っている。

そんなわけで、雪さえ降れば夫婦そろって喜々として除雪に励む。主力用具は二台のスノーダンプ。夫婦それぞれが一台ずつ持って表に飛び出し、息を切らせたり、手を休めて周囲の雪景色に見惚れたりしているうちに大概片づいてしまっている。

ドカ雪が来て手に負えなくなったらどうするのかというと、わが家を建てたハガヌマ製作のブルドーザーに来てもらう。昨冬は六、七割をハガヌマさんにお願いしていたが、極力自力でやり、万一の場合だけ応援を求めることにした。それもブルドーザーを自分で運転すべく、大型特殊の免許を取って万全を期したのである。

ところが、思いがけないところから「万一」の事態がやって来た。バス道路までは砂利道の町道でつながっており、道沿いに一〇軒の別荘、住宅が建っている。建物を建てたハガヌマさんが住人のために除雪してきたが、僕らのような定住者ができた昨冬から町が委託する除雪車が来るようになった。

この冬も二回まではその除雪車が来た。しかしその後はパタリと来なくなった。慌てて町の担当課に問い合わせると「今年は町ではやりません」と言う。びっくりして役場に出向き、担当課長に説明を聞いた。

課長さんの説明はこうだ。①町道の取り付け口が急カーブで、無理して除雪車を入れてきたが、事故の危険もあり取りやめにした②迂回路も補強が必要で、今からは間に合わない③ハガヌマさんの機械なら入れるのでなるべく除雪してもらうよう要請する……。いったい僕らのライフラインはどうなるのだ、と問うと「いや、これが積雪地の現実なのですよ」。問答を続けてもできないものはできないということらしいので引き下がってきた。

さて、どうしたものか。すでに手いっぱいのハガヌマさんの奮闘に頼るしかないのだが、町道がふさがる事態が頻発するかもしれない。そのときは歩いて、荷物はソリで引いてなどとシミュレーションをしてみる。「なぁーに、何とでもするさ」と晩酌になる。

「それにしてもさ。いきなり今年はやめた、ってのありかしら」「なぁーにが対話の町政だよ」「ふるさとを見直そうだの、若者定住なんて言ってるでしょう」「まぁーったく。町道の除雪もできねえで」。酒杯のピッチは上がり、酒品はどんどん下がるのであった。

（二〇〇〇年一月三日）

畳の上で死ねる

この夏、ヨシマロさんのおばあちゃんが老衰で亡くなった。自宅の母屋で家族に見守られて、ろうそくが燃え尽きるように息を引き取った。九〇歳、寝込んだのはほんの一カ月余りというから、本人にも周囲にも幸せな最期だった。

おばあちゃんが床についてからは、田島町で開業する内科医の馬場俊吉先生が一〇キロ余りの道のりを三日に一度ほどの割合で診察に来てくれた。合間には訪問看護ステーションから看護婦さんが来た。うれしい話ではないか。目立たない地道な努力が集まって、人々が安心できる医療が実現しているのだから。

馬場さんはもうじき五〇歳。年齢にはとても見えないにこやかな童顔が大きな体の上にのっかっている。大学で研究医として勉強中に父親が急死し、田島町に戻って医院を継いだ。思い悩んだ時期もあったが、今は地域医療の仕事を「自分に合っている」と感じているという。医院での診察のほかに約三〇人の寝たきり患者を持ち、昼休みなどに訪問診療にあたる。医師、看護ステーション、ホームヘルパーが連携する在宅医療体制をしっかりさせたいと意欲を燃やしている。

僕は転勤で全国十数カ所の都市に住んだが、家族の病気で心細い思いをしたのは、決まって大都市圏にいたときだ。東京では、急性肺炎で救急病院に駆け込んだ息子がひどいあしらいを受けて命を落としかけたことさえある。こんな体験が重なって「大病院が患者の身になってくれるとは限らない」と肝に銘じている。

対照的なことは一〇年余り前、福島市に住んでいたときに経験した。他の都市の大病院にかかっていた母親が脳梗塞から回復したのを機に同居し、「わたり病院」でお世話になった。転院してすぐに腹部の大動脈瘤《りゅう》が見つかった。手術するかどうか。「成功の確率は七〇%ないし九〇%。これは病院の設備によるもので、うちは八〇%です」。母を前に先生が説明し、本人が受けると決めた手術が成功した。

率直、明快な先生方の説明と、看護婦さんたちが親身になって患者に接している姿が強く印象に残っている。手術前、大病院からは「そんな田舎の病院で大丈夫か」と言って来たが、動脈瘤の見落としについては知らぬ顔なのにはあきれてしまった。このところ、その病院の医療ミスが相次いで報じられて、さもありなんと思っている。

移住してきた年の冬、インフルエンザで田島町の県立南会津病院に行った。赤ちゃんを抱いた母親に医師が話しかけた言葉にほっとした。「ここは必ず医者がいるんだからね。夜中でも連れて来なさいね。こんなに悪くならないうちに」。

南会津病院は眼科の診療が週一度しかないのと、地域に開業医のいない皮膚科や耳鼻科などが手薄なのが弱点だ。それをどう手当てするかは行政の課題で、それさえクリアできれば、馬場さんのような活動と相俟って、地域の医療は満点近いものになるだろう。何年か先の老境の日々を僕は楽観している。

（二〇〇〇年一二月四日）

小正月

「一月のイラスト何にしましょうか」と正人さん。やはり正月らしくと意見が一致して「歳の神」に落ち着いた。小正月の行事で松飾りや注連《しめ》飾りを燃やして一年の息災や健康を祈る。針生のは、一月一四日の夜行われる。田んぼの雪をならしたところに山から伐り出した二本の柱を立て、うず高く積んだ飾りに火を付けるのでなかなかの壮観だ。枝の先にスルメや団子を刺して焼き、厄年の男性がテングの装束で酒をついで回る。大人も子どもも気分が盛り上がって夜を過ごす。

ところが去年、祝日法が変えられて「成人の日」が一五日でなく「第二月曜日」になり、休日前夜の気分が壊れてしまった。一九四八年に定められたこの祝日は一月一五日の小正月にあたるので、陰暦時代から続く各地のさまざまな伝統行事や風習の行われる休日として定着してきた。秋田の「なまはげ」はよく知られているし、ところによっては「女正月」といって、この日一日男性が台所を受け持って女性にサービスするほほえましい風習もある。

法改正（改悪だが）の理由は「ゆとりの生活のため連休を増やす」ということらしく、「ハッピーマンデー」と呼ぶのだそうだ。提案をした霞ヶ関官僚の頭の中には、ただただ連休を増やすことしかなく、小正月のことなど考えてもみないのだろう。

一〇月一〇日の体育の日も同様に変えられた。こちらは一九六六年の制定だから歴史は浅いが、これだって気象データを調べて最も晴天の多い日を選んだというではないか。不思議なのは、場当たりの思いつきから生まれたとしか考えられないこんな法案を、国会議員たちがやすやすと可決してしまうことだ。全国の選挙区から選ばれた彼らは自分の育ってきた地域の生活の大切さをすっかり忘れてしまっているに違いない。

年明けから毎日たくさん雪が降って見渡すかぎり白一色のお正月を迎えた。ここに住むようになって、自然や季節と一体となった暮らしがどれほど充実と満足を与えてくれるものかを日増しに強く実感している。

希望が膨らむのは、三年目を迎える田んぼと畑だ。農薬も肥料もいっさい使わないやり方に徹し、収量は少なかったけれど米も野菜も味の濃いことに驚いた。しみじみとしたうまさを噛みしめながら「これこそが体を養う食べ物だ」と感じ、この地のきれいな水と空気と太陽があれば素晴らしい農作物ができる、と自信を深めている。

今年も年賀状には赤ちゃんや子どもたちの写真がいっぱいだ。若い友人、知人が近況と併せてわが子の様子を知らせてくれる。僕の孫は二月で四歳になる。似通った年齢の子の写真も多くてつい見入ってしまう。みんな可愛くて仕方がない。

さてこの子らのために何としてでもしなくてはならないのは、水と空気をできるだけ汚さずに残すことだろう。そのためには、おかしな理由をつけて自然を壊している政策や制度にストップをかけなくてはなるまい。年賀状を眺めながらそんなふうに力む。これはじいさんになった証拠なのかもしれない。

（二〇〇一年一月八日）

大断水

ここで暮らして、何よりもありがたいのは水がうまいことだ。来たらすぐに浄水器が不要になった。この水に慣れて東京の水道はいよいよ飲めなくなった。飲食店でうっかりがぶりとやって困り果てることもある。最近では上京のときはペットボトルに家の水道水を詰めて行く。水道料金がかなり高いのが難だが水質の良さは何物にも代えがたい。

その針生地区の簡易水道が二月一一日の夜、断水した。町の水道課が原因を導水管の漏水と突き止め、応急措置で復旧するまでにまるまる二日間を要した。文字通りライフラインの切断。それが長時間に及んだのだから影響は大きかった。

夫婦二人だけの僕らは、ふろに雪を投げ込んでトイレの水をつくり、町の給水車の水でしのぐことができたが、連休のスキー客でいっぱいだった民宿や幼児のいる家庭、老人世帯はひどく難儀をしたに違いない。

二メートルの雪の中で復旧に時間がかかったことを責める気はない。一番の問題は住民に情報がほとんど伝わらなかったことだ。現地に来た職員も役場の電話応対も丁寧だったけれど、現状や復旧の見通しについての説明は要領を得なかった。情報を窓口に集めて伝える態勢がなかったのだろう。水道課の広報車が巡回していたがほとんど聞き取れず、給水車が来たことさえ知らない人も多かった。

僕自身の反省は、毎日の飲み水がどこから来ているかを知らなかったことだ。遅ればせながら水道課に行って調べてみた。すると、水源は台鞍山スキー場のゲレンデ近くの湧《わ》き水で、これを地区の中心の配水池にいったん導いた上で配水されていることがわかった。念のための滅菌をするだけだからうまいのも道理だ。一方で、山の中の工事や伐採があればすぐに影響を受けるおそれもある。

田島町全体では針生地区のを含めて簡易水道が八、水道施設が二つあり、町中心部が田島上水道でまかなわれている。水源のほとんどが湧き水と井戸。田島上水道には二年前にできた県営ダムの水が加わり始めている。町全体としても水に恵まれたところで、水質の良さがこの地のうまい酒やソバを産み出していることがわかる。

「雪が解けたら、水源を見に行こうよ」と周りの人たちと話している。水が出ないときだけ行政に文句を言っても始まらない。住民のやるべきこともたくさんあるはずだ。そう考えていたら宮城県白石市が水道水源保護条例を提案したというニュースが目にとまった。

類似の条例はあるが、白石市の条例案が傑出しているのは「きれいな水を住民が享受する権利を守る」ことをはっきり目的に定めたことと、市営の水道だけでなく集落の小規模な水道も含めて「住民の水道」を守ろうとしている姿勢だ。

自然豊かな南会津、とよく言うが、その最大の恵みである水はどうしても守らなくてはならない宝だ。そのためには、こうした手法も学んで備えておく必要がある。うかうかしてはいられない。

（二〇〇一年三月五日）

スキー場の転機

すぐ近くにある台鞍山スキー場から東武鉄道が今冬限りで撤退するという。田島町と東武が中心の第三セクターでやってきた。その筆頭株主で実質的に経営を仕切ってきた相手が突然手を引くというのだから、動揺が広がっている。

二〇年前に田島町営スキー場として開かれた。東武の進出は一九八七年、リゾート法に基づく県の重点整備地区指定を視野に、七ケ岳山ろく一帯の大規模開発を狙ってのことである。第三セクターはこのときに設立され、手始めに高速リフトやホテルがつくられ、九二年には入場者が二五万人に達したが、バブル経済の失速で開発計画はストップした。その後、「民間企業のノウハウを生かし、効率化を図る」として全体の経営を一本化し、東武に主導権が移された。

撤退理由はグループ全体の経営悪化で不採算部門を切らざるを得ないというものである。だが経営改善の目玉として町が過疎債を借り、三億四〇〇〇万円の公費を投じて昨冬人工降雪機を導入したばかりだ。町も甘いが企業の身勝手はこんなものかと思う。

これからどうするか。町は「規模を縮小してもスキー場は存続したい」としている。むしろとてもよいチャンスだ、と僕は思う。大手資本頼みがいかに空しいかがはっきりした。危機には違いないが、町民と町が力を合わせて自分たちの身の丈に合った、自分たちのためになるスキー場に転換する絶好の好機だ。

かつてを知る人の話だと、町営スキー場のころは食堂のメニューをみんなで工夫した。喜んでもらえるサービスは何かを考えた。町民にも外来客にも好評で、三億数千万円を基金として積み立てる余裕をもたらした。東武が来て一時的に客は増えたが大事なことが忘れられていった。そんなことも思い出そうではないか。

いろいろな条件に恵まれている。スキー場はめったにないほど地形とコース配置に優れ、上級者から家族連れまでが安全に滑ることができる。町民が楽しめるスキー場として存続するのにこれほどふさわしいところもあるまい。

冬場以外のグリーンシーズン対策にもこれで本腰を入れられる。国の天然記念物駒止湿原へ九キロ。スキー場の駐車場からシャトルバスを運行し、地元物産販売所や情報コーナーを設けるよう求めた請願が町議会で採択されたばかりだ。地元有志の調査で近くに旧駒止峠を越える古道があることも確認され、江戸時代の木地師集落跡も次々見つかっている。

巨額の投資は不要だ。みんなで智恵を出し合おう。考えよう。そうすれば自然の恵みと歴史の遺産を大切にして、訪れる人も町の人も心からくつろげる場所、地元のみんなに本当の潤いをもたらす場所をつくることができる。

（二〇〇二年一月七日）

予餞会、子どもの演技

地区にある針生小学校の「卒業生を送る会」が面白いので毎年のように見に行く。今年は全校児童四六人、教職員一一人。ずいぶん昔からの行事で、子どもたちが中心なので上級生も下級生も緊張感を漂わせて張り切っている。人数が少ないからだれもが舞台に上がり、進行の仕事に駆け回る。

開会のあいさつは五年生のコウスケ君だ。卒業生に向かって、世話になったことを感謝し、労をねぎらい、このひとときを楽しんでください、とメリハリのきいた内容をはっきりと言葉にした。幼かった時分を知っているから、目を見張る思いがする。

卒業生の席で、おっとりした笑顔を見せているのはイッペイ君ではないか。ソフトボールの試合でグローブを地面に引きずるようにして守備につく姿が可愛かったけれど……。子どもから少年へ。確かな成長ぶりが小気味よいばかりだ。

見ものは学年ごとに演じる劇だ。一年が教科書で学んだ「たぬきの糸車」、複式学級の二・三年が学校行事のシーンを再現した「思い出のアルバム」、四・五年が「新・針生の伝説」と続き、最後が六年の「未来の夢物語」だ。先生の助言や手助けもあったのだろうけれど、子どもたちの創意や発想があふれている。

一年生は暗唱した教科書を交代で語り、登場人物のおばあさんやタヌキは、自分たちで考えてボール紙の人形をつくった。人形の動きにつれてストーリーが展開する。こちらはいつの間にか劇の世界に引き込まれてハラハラしている。

四・五年生は、総合学習の授業で調べた地元の伝説や昼滝山のなぞ解明などを組み合わせて仕立てた。山に登って確かめようとすると、危険だとストップがかかるシーンがある。「先生は体はでかいが、気は小せえからなあ」なんていうセリフが飛び出す。

爆笑を誘ったのは六年生だ。警視総監だの、カリスマ美容師だの七人それぞれの、したたかに戯画化した将来像が描かれる。サヤカさんはファッションデザイナーで、パリの晴れ舞台でショーが始まる。モデルは男の子たち。意表を突いてステテコに腹巻きや、イチジクの葉一枚というファッションで登場してポーズを決めるので腹の皮がよじれてしまった。

教頭の星尚子先生はハンカチで涙をぬぐうのに忙しいほど笑いころげていた。後日、感想をうかがった。「小規模校のマイナス面を補ってあまりある良さを感じました」という。

まったく同感だ。一年のときから皆が人前で演じる。その手ごたえが子どもの感性を育て、生き生きとした表情をつくっている。教育の場で最も大切なことが、この学校で実現している、といつも思う。

（二〇〇二年四月一日）

山里の廃校

会津若松市に買い物に出た帰り、国道をそれて山道に車を走らせた。例年なら桜がようやく盛りにさしかかるころだが、季節の早い今年は花は散り終えて周囲の山は若い緑が萌え始めている。

下郷町から昭和村へ通ずる県道は谷を縫い、ところどころで集落に出合う。花時の長いウメが咲き、家々の庭先に植えられたユキヤナギやスイセンが花の色を競っている。それらにまして、まばゆいのが木々の新緑だ。山の斜面のブナ、道を覆うカエデ、多彩な色調が光を振りまくように輝いて、めまいを感じるほどのみごとさだ。

分かれ道から約一〇キロ、一番奥に戸赤という二〇戸余りの集落がある。途中、

「戸赤の山桜」という案内看板が出ていた。犬を連れて畑仕事をしている婦人に確かめると「村の向かいの山だけど、今年はもう終わってしまって。せっかく来られたのになあ」と申し訳なさそうに教えてくれて、こちらが恐縮してしまう。

車を降りて歩く。まるでタイムスリップしたように山村の風景が眼前に現れる。小さな水路に音を立てて水が流れ、家ごとに洗い場がしつらえてある。「コンコン」。シイタケの原木に穴をうがつ人がいる。大きな茅葺き屋根に一〇人ほどがとりついてふき替えに余念がない。

家並みのはずれの高台に簡素で美しい木造校舎があった。登ってみると小さな運動場一面に花びらが散り敷いていた。眼下の渓流に目を移すと澄み切った水がきらめき、渦を巻いて流れている。

窓も玄関も閉じられていた。のぞき込むと外された木の表札が横たわり、「楢原小学校戸赤分校」と読めた。廃校になったのか……。あとで聞くと校舎は一〇年前に木材の消費拡大と「木のぬくもりを」という狙いで新築されたが、児童数の減少が理由で分校は三年前に休校となった。再開される見込みはなさそうだ。

体育館には跳び箱が隅に寄せられ、マットがきちんと積んであった。「ここに子どもの声がしないなんて。何だかとてもつらい」。カミさんが言う。

そう。僕たちの心を捉えたのは単なるノスタルジーではあるまい。かつてあった確かな暮らし、風土と調和した人々の営みが人を安堵させる風景をつくりだしているに違いない。子どもの不在は、この美しさの消滅を突き付ける。

人間を温かくする美しさに身をゆだねる幸福と喪失感と。いつもの混乱に襲われて息苦しくなった。しかし、さっき見た茅葺き屋根の光景が頭をよぎって一息ついた。茅葺き屋根を守ろうと職人の世界に飛び込んだ人がいる。小さな学校をよくしようと努力を惜しまぬ人々がいるではないか。緑の中で、何かに背中を押される思いがした。

（二〇〇二年五月六日）

山村を壊すもの

太陽が角度を上げて、南に連なる七ケ岳連山の雪がまばゆく輝くようになった。五度目の冬も峠を越えようとしている。あと半年、夏が来れば移り住んで満五年ということになる。

渓流に遊び、田んぼの風景を眺め、星空や月の満ち欠けに親しみ、自然の中に五感を浸して、首都圏にいたらおよそ望むべくもない暮らしをしている。

残念ながら、良きことばかりではない。いや、むしろ山村の美しさは音を立てるように崩れつつあると言わざるをえない。

この窓から見渡す視界の中だけでも風景はずいぶん劣化した。ここに来てすぐに向こうの山すそに三キロほどの林道が通った。その直後にあちらの入り口で土砂崩れが起きた。災害復旧で補修したが昨年の大雨で今度はこちらの口が山崩れで埋まったままだ。

目を手前に転ずると棚田の真ん中に舗装路が工事中だ。県の施工する農道で、砂利道だったのを拡幅直線化した。道脇の流れを三面コンクリート張りにしたから、ホタルが姿を消した。

棚田は耕作放棄が著しい。その一枚を借りて素人農業をやっているが、周りで毎年のように二枚、三枚とつくられなくなってヨシやススキが茂りだした。切実なのは水路の確保だ。だれもやらなくなった溝脇の草刈りや溝さらいを延々とやらなければ水路はつぶれてしまう。さまざまな農業予算もここには届かない。

こうしたことがわが村だけでないことは国道を走ればすぐにわかる。はるか上の山肌を削っているのは大規模林道工事だし、田んぼの中の川に大きな橋ができているのは、農道拡幅に違いない。ダンプカーが黒土を運び込んで山と積んでいるのは圃場整備事業だ。

不要不急の道路や農地がつくられて風景や自然がぶち壊しになるのは諫早湾干拓と同じ愚行だ。無駄遣いと知りつつそれを止められない惰性がなお続く。しかしそれも矛盾の極限に来ているのではないか。変化のときは確実に来ている。

いくつかの兆しは身のまわりに見えている。村のお年寄りが言う。「林道なんかもうつくっちゃいかんな。あれで国の借金が何百兆円にもなったんだからな」。数年前、公共事業批判の最先端だった論点がここまで浸透した。

地道な努力も始まっている。新年の針生区の総会で区長さんが訴えた。「水路を守る堰普請は地区の財産である田んぼを守るものだ。耕作をやらなくなった人も参加しなくてはいけない」。それに応えて、田起こし前の年一回だった堰普請を、秋にもやることが決まった。

風景を壊すものを止めるために行動するときが来たと感じる。

（二〇〇三年三月三日）

楢原小学校中山分校の旧校舎。点在する集落ごとにあったこうした分校は
急速に廃校が進んでいる（南会津郡下郷町中山で）。

さあ雪だ。スノーダンプで除雪に飛び出したカミさん。
まだまだ冬は始まったばかりだ。

針生地区の小正月行事「歳の神」。各家総出で、山から伐り出した木にわらを巻いて立てる。夜、この周りに注連飾りなど積み上げて燃やす。

ブナをめぐって

庭に植えたブナ

書斎の窓から外を見ると目の前にブナが枝を広げている。新緑の季節には枝いっぱいの若葉が陽光にきらめいて僕を陶然とさせる。夏から秋へ、葉陰は野鳥の休息所になる。葉が散って裸になると、てっぺんでホオジロが高い声で鳴く。そして雪解けの季節にはエナガが群をなして来てにぎやかにさえずり、いっせいに飛び去る。

山村の生活を選んだのは、自然の空気の中に身を浸して暮らしてみたいという欲求が体の奥にあり、それに引っ張られたのだと思う。しかし、山について、森について、樹木について実はほとんど何も知らなかった。移住して六年、庭の畑の周りに沿って立つ七本のブナは四囲の自然と僕とのつなぎ役になっている。

ブナは家を建てたときに、建築会社の社長さんが植えてくれた。幹の太さが一〇センチから二〇センチ、高さは七、八メートルある。ブナは普通庭木にしないから、植木屋さんは扱っていない。それが手に入ったのは思いがけない経緯による。

針生地区の中心部にある空き地にブナがびっしりと茂っていた。簡易郵便局長をしている皆川善麿さんの亡くなった父親が植えたものだ。善麿さんが小学生のころ、三〇年余り前のことで隣村境の峠にいっせいに芽を出していたのを掘り取ってきたという。

僕の家の建築が始まった春先、精米所を建てるためブナは伐られることになった。話を聞いた社長さんが移植を決行してくれたのである。僕の家は、傾斜地の田んぼ二枚を整地した長方形の土地の奥に建てる計画で、前方は畑にして、木もいろいろ植えたいと社長さんに伝えてあった。

ブナの移植など山村の人たちも経験がない。「どうせ枯れちまうべぇ」という意見が強かったが、社長はパワーシャベルで掘り起こし、絡み合うように伸びた根を引き離してトラックで運んで植え替えを敢行した。夏になると、大方の予想に反してみずみずしい緑が枝いっぱいに広がった。そのうち一本が秋の台風で根こそぎ倒れるという騒ぎはあったが、その後は順調だ。

後で知ったことだが、この辺のブナは一〇年間に直径五センチ、高さ三、四メートルぐらいに育つがそれも条件次第。一メートルにも満たないひょろひょろのもある。そういえば、お隣の栃木県の植樹イベントに出かけたことがあり、五〇センチほどのブナの苗を二本もらった。持ち帰って植えたが、これはいっこうに伸びず、四年以上たった今も、もらってきたときのまんまだ。

ブナが花を咲かせ実をつけるのは五、六年に一度。そしてだいたい三〇年ぐらいから花をつけるという。植えてもらった七本のうち一本は翌年に花を咲かせたから、どうやら順調に成長していると見てよさそうだ。この先どうなるかは予測がつかない。とにかく、伐られてしまうところだったブナが生きている。それだけでもよかったと思う。

庭のブナを目安に四方の山を観察すると、あまり古い木がないことがわかる。ミズナラ、コナラ、トチ、クリなどの広葉樹林で、標高が上がるにつれてブナが増えてゆく。樹齢は四〇、五〇年からせいぜい六〇年くらい。植林されたカラマツ、スギ、ヒノキが入り混じっている。

伐採は江戸時代の木地師にさかのぼる。何といっても昭和三〇年代から四〇年代にかけてパルプ材などの需要が急増したのと拡大造林とが相俟って、伐採は急速に進み天然林は伐り尽くされた。まれに、一〇〇年以上の大木も見つかるが、それは生育が悪くてそのころには伐採の対象にならなかったものだ。

家の裏に川幅四、五メートルの渓流がある。春先には、僕の竿にも二匹、三匹とイワナが釣れる。とてもきれいで落ち着く場所だが、五〇代の人に聞くと、「水量は三分の一になっちまった」という。大雨でも今みたいに急に増水することはなかった。大自然の中に居を構えたつもりだが、目に映る山々はすべてに人手が入ってきたことを知らされる。

原生林を見る

本格的なブナの原生林を見たのは二〇〇二年六月のことだ。群馬県、新潟県と境を接する福島県南西部の山奥には険しい地形と深い雪に守られて手つかずのブナ林が残されている。この一帯を世界自然遺産に登録して守ろうと学術調査が始まり、お手伝いを兼ねて参加したのだ。

日本野鳥の会南会津支部長の長沼勲さんと事務局長の渡部康人さんはもう長い

こと、林野庁が行う原生林伐採予定地にイヌワシやクマタカの営巣地を見つけてはストップをかけてきた。しかしこうした活動には限界があり、自然保護の網をかける方法を考えてきた。

京都大学名誉教授の河野昭一先生が調査に協力して先頭に立ってくれた。国際自然保護連合の生態系保全委員で、世界のブナ林を毎年のように調査に歩いている第一人者である。只見町の民宿にスタッフ数人、野鳥の会の約一〇人が泊まり込んで、四泊五日で田子倉湖べりのブナ林など四カ所を見て回り、区画調査などもする。

めったに入れない山奥のブナ林を見て回るワクワクする内容だが、驚かされたのは河野先生だ。到着してスケジュールの打ち合わせと思ったら「現場に行こうよ。早くブナに会いたいっ!」。まるで子どものような好奇心と研究への熱意が全身にみなぎっていた。

最初の調査地点は田子倉ダムからモーターボートで三〇分余り奥へ入ったダム湖岸のブナ林だった。湖面を取り巻く山々は標高一四〇〇~一六〇〇メートル。見上げると、豪雪が斜面を滑って削り取った「アバランチシュート」と呼ばれる急な岩肌が迫る。削り取られた土砂が堆積するところに広葉樹林が広がる。

上陸すると、急斜面に高さ二〇～三〇メートルのブナの大木がそびえる。地面に生える小さな植物を「ホウバ、ギンリョウソウ、これはブナの稚樹、五年くらいかな」と同行の山岳環境研究所・北原正宣さんが教えてくれる。しかし、一面に生える稚樹が大木に生長するのは気の遠くなるほど小さな確率だ。

「巨木が倒れてギャップ（空間）ができる。そこに伸びるのはトチかブナかのせめぎ合いがある。ブナが優先したら、次はブナのうちのどれが生長するか。そこには木の実を運ぶネズミなどの動物の関与も絡む。横空間だけでなく、土壌生物の縦の関係もある」。北原さんの説明に、原生林の底知れぬ営みをかいま見た。次回はすべてのブナの葉を採取して遺伝子を解析する区画調査をすることになった。

帰りのボートに乗ったとき、河野先生が声をかけた。「堪能したねえ。おい」。「ええ。堪能しました」と北原さん。二人の表情にまるで海水浴から上がってくつろいでいるような満足感が漂っていた。

しかし林野庁は、只見町を含む会津地域の国有林で、約四〇〇〇ヘクタールに及ぶ原生林を伐採する五カ年計画を立てようとしていた。「ブナ林の価値」（一二九ページ）でも少し触れたが、この伐採計画を止めさせたのも野鳥の会南会津支部の人たちと河野先生らの活動による。

経緯を雑誌「岳人」に書いた。次節がその内容だ。

原生林伐採計画を止める

「南会津のブナ原生林伐採を止めよう」。林野庁の計画に対して昨年暮れ、日本野鳥の会南会津支部が投げかけた訴えが電撃的な反響を呼んだ。主婦や一般市民、登山家、地元只見町の町民、保全生物学専門の学者、作家、弁護士と実に多方面に伐採中止を求める活動が広がった。国有林の長年の乱伐によって、ブナの原生林はごくわずかしか残っていない。林野庁は「木材生産中心から環境など多面的な森林の機能を重視するよう政策を大転換する」と森林・林業基本法を昨年制定したばかりだ。それなのにブナを伐り続けるという。理不尽さに人々が怒った。「林政改革の理念はどこへやったのか」。理詰めの問いが林野庁を追いつめた。そして林野庁は伐採を断念するしかなかった。市民の正当な声が勝った画期的な運動を報告する。

▽「一本も伐らせない」

野鳥の会が伐採計画反対の意見書提出を呼びかけていることを知った私は、連載中の朝日新聞福島版のコラムで紹介した。それを読んだ福島市の読者が首都圏の釣り仲間に連絡、話が一挙に広がった。

二月七日、福島県田島町の野鳥の会南会津支部長・長沼勲さん宅に、宇都宮渓友会の瀬畑雄三さん、浦和浪漫山岳会の高桑信一さんら関東在住の六人が署名活動を始めるにあたって相談にやってきた。瀬畑さんが「目標はどこに置くのですか」と問う。野鳥の会事務局長の渡部康人さんは即座に、「一本も伐らせたくないですね」と答え、「うん。一緒にやってゆきましょう」と双方の考え方がぴたりと一致したのである。

源流部に分け入る渓流の釣り師や登山家は、山奥で行われる国有林伐採の数少ないウォッチャーだ。手つかずの原生林が乱雑に伐られて川が荒れ、山が荒れるのをつぶさに見て心を痛めてきた。趣味の釣りであり、山である。しかし趣味であればこそ、しがらみや利害を離れて自然の危機をはっきり見据えることができた。山奥に遊ぶ人たちは、現場の実態を知る貴重な証言者である。

野鳥の会の人たちは、イヌワシ、クマタカなど生態系の頂点にあって森の豊かさの証である猛禽類の生息域が年々狭められていることを検証し、伐採予定地に猛禽類がいることを突き止めては林野庁にストップをかけてきた。林道計画をやめさせる裁判も起こして法律論争を挑んでいる。林野行政の大転換を盛り込んだ新法の下で旧態をなぞった伐採計画を許せば、法治国家の根本が揺らぐことになる。二つの危機意識の出合いが、広く共感を呼ぶ運動となった。

▽伐採理由の破綻

なぜブナ林を伐るのか。だれもが不思議に思っている。林野庁の述べる伐採理由を聞く前に、林野政策で天然林（ブナ原生林はこれに含まれる）がどのように位置づけられているかを見てみよう。

国有林野事業の改革は、「木材生産重視から公益的機能重視に転換すること」を核心に据えた。森林・林業基本法は森林の多面的機能として「国土の保全」

「水源の涵養」「自然環境の保全」「地球温暖化の防止」「林産物供給等」を挙げ、このうち「林産物の供給等」を除いたものが公益的機能であると定義している。そして天然林の伐採は公益的機能であると分類している。

一方、関東森林管理局がつくった会津森林計画区指針では、森林の機能を「水土保全林」「森林と人との共生林」「資源の循環利用林」の三つの類型に分け、天然林は「水土保全林」であるとしている。

するとブナ林の伐採は公益的機能を高めるもの、水土保全林として保水機能を高めるものでなくてはならない。そこで林野庁側は「約三〇%を抜き伐りすることによって、老齢の森を活性化し、水土保全機能を高める」というように説明してきた。

これは理屈が通らない。のちに紹介する保全生物学の科学的知見は「天然林に人手を加えると致命的なダメージとなる」としているし、ごく常識的に考えても二〇〇年、三〇〇年の巨木を伐り倒したら保水機能は落ち、回復には長い年月を要するだろう。間伐の手が回りかねて衰弱し、保水力の低下が問題となっている人工林と話をごちゃ混ぜにして言い逃れようとしているのだろう。

伐採中止申し入れの席で私たちは「三〇%択抜によって保水力が向上したことがあるのか。科学的なデータを示して欲しい」と求めたが、林野庁の島田泰助経営企画課長は何も答えなかった。

もう一つ島田課長が挙げた伐採の理由は「木工、ナメコ栽培など地元業者から原木を安定的に供給してくれという要望がある」というものだ。これこそ林政改革の根幹に逆行するではないか。公益的機能と分類した天然林に、脱却したはずの「林産物供給」を担わせるという。論理破綻の言い草である。

林野庁は大幅な伐採縮小を含む見直しをにおわせて、説明会開催を求めてきたが、これは応じられる話ではない。生物多様性を保全するために庁内で決めた希少動植物調査さえほとんどしていないなど、林政改革の法体系に盛り込まれた基本ルールが守られていないからだ。

▽ブナ林は地球の宝

二月二四日、私たちはブナ林の大切さを学ぼうと、只見町に河野昭一先生を招いて講演会を開いた。そのときのチラシに「南会津のブナは地球の宝」とうたった。正直なところ「ちとオーバーかな」と思った。しかし、先生の話を聴いてブナの大切さをよく知らずにいたのだ、と気づかされた。日本のブナがどれほど貴重なものか。できるだけ多くの人に知ってもらわなくてはならない。

河野先生は京都大学名誉教授で国際自然保護連合委員。保全生物学を専門とし、世界の森林を調査、観察して歩き、実証的な研究を続けている。先生の話はこうだ。

ブナは北米、中国、ヨーロッパに分布するが、伐採や環境悪化によってほとんどが消滅に近い状態にある。世界の中で日本のブナ林だけが、かつての素晴らしい原形をまだ保っている。

ブナ林はたくさんの実をつけて野鳥やクマ、リスなどに餌を与え、樹下の草木や根に水を蓄えて多くの生命をはぐくむ。また、それらの生命によってブナ林は支えられている。こうした多様な支え合いの仕組みはとてもデリケートで、わずかな人為の攪乱によって生態系を維持するバランスが失われることがある。たとえば、ブナの花粉の飛ぶ距離は数十メートルしかないので、たとえ択抜でも受粉の連鎖が断たれるおそれがある。だから、ブナ林には人手を入れないことが鉄則になる。

会場からは「びっしりとはびこったクマザサを除くため、下草刈りをした。これもいけませんか」と質問が出た。「それは致命的」と河野先生。「植林した人工林なら下草刈りの意味もあるが、自然林の足下は種が休眠するベッドともなっていて、絶対にさわってはならない場所です」と明確に誤りを指摘した。

▽現地の住民が声を上げた
自然保護運動では都市住民や環境保護団体が活発に動き、現地の人たちはそれをむしろ迷惑顔で見ているという図式がよくあるが、ここでは様相が違う。

計画案に二一カ所の伐採予定地が挙げられている只見町。二月末までに一〇〇〇人を超す伐採反対署名が集まった。人口の約二割である。町の総面積の九四%が森林で、その三分の二を国有林が占める。「無尽蔵」といわれたブナ、トチの豊かな広葉樹林が消えてゆくのを見てきた。

一九六九年夏には集中豪雨で地滑りが多発し布沢《ふざわ》川流域では家や田畑が流され、三つの集落が全戸移転を余儀なくされた。このこのち、町と町議会は伐採の削減を陳情し、原生林の保全を求めて要望書を提出した。国有林を町の自然公園とするアイデアも出して国に働きかけた。林政改革で事情は好転するという期待もあった。改革後もなおブナ林を伐採するとは。町の人たちに静かな怒りが広がったことは想像に難くない。

三月八日、布沢川流域など七つの集落の区長さんが連れ立って関東森林管理局南会津支署を訪れ、伐採中止を求める文書を提出した。支署長が伐採の必要な理由を説明したとき、代表の飯塚恒夫さんは「ここにいるのはね、山に詳しい人たちばかりなんですよ」と言い、フッと笑みを浮かべた。

問わず語りでこんなことも話した。「営林署の時代にはね。次年度の計画は事前に地区に来て説明会をするという約束をした支署長さんもいたんですよ。今はそんな引き継ぎもないでしょうけど」。五カ年計画が公開されることは隣村にある支署に掲示されたが、関係の深い飯塚さんらにとりたてて連絡もなかった。地区の人たちは何も知らずにいたという。

あとで飯塚さんに感想を聞いた。「もう、これから先、一本でも伐らせてはならない。再生するには四〇〇年も五〇〇年もかかるものを今伐ったら、孫たちに申し訳が立ちませんもの」。
▽林野庁、伐採を断念
三月一四日、林野庁は関係者に、四月スタートする会津地区の五カ年計画からブナ天然林を除くことを伝えてきた。つまり伐採断念である。しかし、誠に往生際が悪い。伐採に転じる計画変更もあり得ることを留保しているのである。

内容は「会津森林計画区内の天然林の伐採計画の見直しについて」(関東森林管理局)というA4サイズ一枚の文書に書かれていた。そこには希少猛禽類への影響調査を行うことが記され、調査結果で影響がないとわかり、ナメコ原木等の木材供給が必要な場合は「計画変更することとします」としている。天然林から木材供給することの非は先に見た通りだ。今後はこうした留保を撤回させることが焦点になるだろう。

それにしても、林野庁はこんな小細工をどうしてするのだろう。誤りをきちんと撤回してやり直したらいかがだろうか。理念に沿った林政改革を自分たちで実現できるチャンスなのだから。

さて、市民の側に残された課題がある。全国七つの森林管理局管内で、四月スタートの五カ年計画がどれだけあるのかを把握しなくてはならない。その中には貴重な原生林の伐採が含まれているはずだ。それを調べ出して伐採をやめさせる取り組みが急がれる。

（「岳人」二〇〇二年五月号）

伐り倒された巨木

林野庁の計画をストップさせた劇的な運動から始まったこの調査は、もう一つのドラマの始まりとなった。早く現場にという河野先生の希望で、本格的な調査にかかる前日、浅草岳山ろくの沼の平地区にブナ林を見に出かけた。田子倉湖の次に予定していた調査ポイントの近くで、アクセスもよく、ブナ林の美しさが際立っているので野鳥の会地元メンバーが案内したのである。

林道の行き止まりのようなところからやぶを分けて進むとチェーンソーの音が聞こえた。やがて踏み跡のはっきりした歩道が現れ、上って行くとチェーンソーを持った数人とすれ違った。なだらかな斜面にブナの大木が茂る。「おお、すごい」の感嘆がすぐに「何だこれは?」に変わった。伐り倒された大木が、数メートルずつの長さに切られて斜面に横たわる。平和な森に突然の無残な光景。「ブナのアウシュビッツだよ、これは」と河野先生。

調べまわると、あちらにもこちらにも大木が倒れている。二、三日前か、せいぜい五日ぐらい前に伐られたばかりと見えるものも少なくない。四月からの五カ年計画に天然林伐採は除かれたのだから、もぐりで伐られたのだろうか。忙しいことになった。学術調査の一方、この伐採についても問いたださなくてはならない。

野鳥の会の渡部さんと南郷村にある南会津森林管理支署に行き、支署長に話をする。天然林伐採計画で大揺れのあと、四月に送り込まれたキャリア支署長。渡部さんが現場の模様を話すと顔色が変わった。「調べてみます」。

二日後、宿舎に現れた支署長はすっかり落ち着き払っていた。曰く、伐採は森を若返らせるために老齢木を伐る間伐で、立木販売の形で落札した業者が伐り倒し、ナメコ栽培をしている。すべて前年度までの伐採で問題はない。伐採直後に雪に覆われたので伐り跡が新鮮な姿を保ち、最近伐ったように見えたのでしょう。

霞ヶ関流立て板に水。自信満々であった。ところが、同行して脇に立っていた担当課長を見ると、なぜか顔面蒼白でじっと目を閉じたままだった。

どうも怪しい。霞ヶ関の理屈も受け入れがたい。とにかく現場を再調査して記録を取ることになり、学術調査が終わった翌日、数人が残って伐られたブナの場所、本数、伐り株に刻印されたマークなどを記録、長さ、太さを測り写真に撮った。

渡部さんらはこのあと、膨大な森林管理記録を調べ、保安林に関する福島県の公文書公開を求めた。こうした活動が森林管理支署を追い込んで、森林法に違反して知事に届け出せずに保安林を伐採したことが明らかになった。自分たちが管理する国有林。保安林を間伐するからといって、いちいち地元の知事に届けることなどあるまい。そういった専横が当然のことになり、長い間続いてきた。

その現場の一つにたまたま僕たちが踏み込んだ。新任の支署長は支署内の慣行を知らず、担当課長は自分もかかわってきたことの露見におびえていたのである。明らかになった事実をもとに渡部さんらは前森林管理支署長を森林法違反で刑事告発した。その経緯を「週刊金曜日」に書いた。次節がその記事である。

森林管理署の森林法違反を刑事告発

一一月一四日、福島県南会津郡田島町にある田島警察署に、会津森林管理署南会津支署の前支署長石井佳朗氏を森林法違反に問う告発状が提出された。告発人は日本野鳥の会南会津支部の会員四人。代理人の井口博弁護士は報道陣に「告発に至った一番大きな動機は、国民の財産である国有林の管理にたずさわる者自らが違法行為を長年にわたって続けるという前代未聞の不祥事であることです」と説明した。

新潟、群馬、栃木の三県と境を接する只見町、檜枝岐《ひのえまた》村、舘岩《たていわ》村などの山間地は無尽蔵といわれるうっそうたるブナやトチの森に覆われていた。ほとんどが国有林で、昭和三〇～四〇年代をピークに大規模な伐採が行われ、今は険しい地形と深い雪によって伐採を免れた場所にだけ原生状態が残っている。

野鳥の会はブナ林を世界自然遺産に登録して守ろうと京都大学名誉教授河野昭一氏を招いて学術調査を始め、昨年六月一〇日、只見町の浅草岳山ろくの「沼の平」で違法伐採が見つかった。直径七〇～九〇センチ、樹齢二〇〇年前後のブナの巨木があちらに三本、こちらに二本と伐り倒されていた。同支署の説明は、前年一一月までに行った間伐で、地元業者が買い受けてナメコ菌を植えており、問題はないとしていた。

しかし、野鳥の会が調査を進めると、関東森林管理局と福島県も動き、長年にわたる森林法違反がわかった。同管理局が明らかにしたのは一九九七年度から二〇〇一年度までの二万四三一五本（うち一七六本がブナ）。それ以前は書類を破棄しているので不明としている。いずれも保安林内の間伐で、知事と協議して同意を得ることが必要なのに、その手続きを欠いていた。森林法三四条違反で罰金五〇万円以下の罰則がある。このうち公訴時効にかからない〇一年度分の一五一七本（ブナ二五本）が告発対象となった。

関東森林管理局は福島県知事に始末書を出す一方で、内部処分を行い同支署長ら六人を訓告、二人を厳重注意にした。林野庁側は「間伐自体は必要、適正なものので、不正行為はなかった。職員の誤った認識によるものだ」と述べた。つまりちょっとした手続きミスに過ぎないというわけだ。こうした発言に「国有林はわがもの」といった旧態依然の感覚がにじみ出る。

野鳥の会の渡部康人氏は違法伐採の経緯に、もっと重大な犯罪性があるという。林野庁は種の保存法や生物多様性条約など自然保護上の要請が強まったことから出先機関に通達を出している。通達は野生動植物の調査を行うことや、森の戸籍簿にあたる森林調査簿原簿に観察記録を付することを事細かに求めている。しかし、原簿には観察記録は何一つ記載されていなかった。「自らが通達した基礎的な調査も記録も実施しないまま、どうして伐採が適正と判断できるのか。こうした林野庁の姿勢こそが違法伐採を続けさせた温床であり、もはや国有林を管理する能力も資格もないことが明らかだ」と指摘する。

林野行政は「抜本的改革」のさなかにある。木材生産機能重視から水源涵養や自然環境の保全といった「公益的機能」の重視に大転換することが最大の眼目だ。だからこそ国民は巨額の税金を国有林野事業に投入することに同意したはずだ。違法伐採は単なる出先の不祥事ではない。

天然林の間伐も疑問が大きい。林野庁は「老齢木を間伐で伐採することは、森を若返らせるために必要」と説明する。河野氏は「生態学的に見てこんなナンセンスな考えはない。森林の成立にかかわる時間も仕組みもまったく理解していない。一万~二万年にわたるゆっくりとした地史的な気象的変動を経てできあがったもので、三〇年、五〇年といった単位で天然林の再生を考えるのは愚かなことだ」と批判する。

しかも、伐採されたブナは老齢木ではなく、寿命二五〇年から三〇〇年以上とされるブナが最も繁殖力のある青年期、壮年期のものばかり。河野氏は「国有天然林の管理は地元自治体に移し、地域の人たちが不伐の森として管理して未来に残さなくてはならない」と主張する。

それにしてもなぜ、ブナを伐るのか。見え隠れするのは木材加工やナメコ栽培など地元業者への配慮だ。古くからの入会権を基礎に集落と森林管理支署が共用林契約を結び、地元の人たちがキノコや山菜を採取する国有林利用が行われてきた。只見町では数人のナメコ業者組合が間伐のブナを買い受けてナメコ栽培を続けてきた。長い間に既得権となり、伐採を求める圧力として働いているようだ。

昨年、林野庁は会津地域の国有林五カ年計画を策定した。計画案には林政改革後初めての計画なのに三七〇ヘクタール以上のブナ天然林伐採が含まれていた。

縦覧でそれを知った野鳥の会の人たちが異議を唱え、全国に署名運動が広がって計画から天然林伐採が除外された。その地元説明会が四月に同支署で開かれた。報道陣を閉め出す異様な雰囲気の中で、集まった町村長や共用林組合の人たちに、関東森林管理局の担当者が「ナメコ栽培用の資材供給は重要な課題」などと伐採再開の可能性を説明した。

生活権を口にする業者と地元産業保護を主張する林野庁。自分の田んぼで米をつくることさえ制限される時代に、そのような意見が通るものだろうか。ナメコ栽培に国有林利用が必要だとしても、二次林のナラなどを供給すればすむことだ。井口弁護士はブナが一立方メートル七〇〇〇円という廉価で売り渡されていることを指摘して、「業者との間に何らかの事情があったのではないか」と、捜査による解明に期待を示した。

作家のC・W・ニコル氏は、長野県黒姫山ろくの自宅近くの山を買い森を育ててもう一八年になる。一〇〇年後には天然林に近い森に戻るだろう、と未来を信じて努力を続けている。「原生林は大切な遺伝子の宝庫だ。慎重に調査をして守らなくてはいけない。そこでブナの大木を伐ったって？　そいつの首を切ってやりたい。鉈でね」と怒りを隠さない。

田島署は大がかりな現場検証を開始、そのさなかの二二日、同管理局の担当部長は「会津地方の天然林伐採は将来にわたっていっさい行わない」と表明した。本物の改革が住民の告発によってやっと始まった。

（「週刊金曜日」二〇〇三年一一月二八日号）

ニコルさんの森で

長野県黒姫のニコルさんの森を訪ねた。ニコルさんの友人の画家古山浩一さんが「アファンの森に集う会」に誘ってくれたのだ。

「アファンの森」はニコルさんが自宅近くの山を買って、もう二〇年近くも木を植えて手入れをしているところだ。故郷ウェールズの地名をとって名付けた。古山さんは栃木県にある茗溪学園高校で教えていたころの生徒たちや教師仲間を誘って毎年黒姫を訪れる催しを続けている。

今回は、ペンションに泊まって落語を鑑賞し、ニコルさんの話を聞き、歌を歌い、お酒を飲んで語り合い、そして森に行って学ぼうという楽しい集まりだ。

黒姫を訪れるのは六年ぶりだ。車で只見町から「六十里越え」の国道二五二号で新潟県に抜け、そこから信濃川沿いを国道一一七号でさかのぼる。県境を越えて川の名前が千曲川と変われば飯山市、野沢温泉を通ってまもなく黒姫山ろくの信濃町に着く。

驚いたのは、長野県の道路の変わりようだ。かつて「新潟から県境を越えれば目をつむっていてもわかる」と言われた。田中角栄元首相による新潟県下への集中的な公共投資によって道路舗装はくまなく行き届いた。県境を越えて長野や福島、山形に入ればたちまちガタガタ道になるというわけだった。

ところが、以前は千曲川に沿って曲がりくねっていた国道は対岸に付け替えられ、ほとんど直線に伸びて行き、橋が架かり、車は快適なスピードで走る。なるほどこれが長野オリンピックの効果なのか、と感心するほかない。

その代わりに、風景は無残なまでに落ち着きをなくした。いや、まるで別物になってしまったと言うべきだろうか。堤防脇に、山際に、国道と交差する農道脇に、土木機械が動き回っていた。コンクリートの建物があちこちに建ちかかり、コンビニエンスストアがどこにも店を開いている。

　もちろんこれは長野だけの現象ではない。日本全国いたるところで同じ光景、同じ変化が起きている。ただ、六年ぶりであるのと、開発などとは縁の遠かった北信濃の田園風景に重なったので、いやがうえにも強い印象を受けたのだろう。

　最初に黒姫に来たのはもう二〇年以上前のことだ。子どもたちを連れて来て過ごし、泊まったペンションが居心地よく、黒姫山の裾野にひろがる風景も気に入って、スキーに来たり、涼しい夏を過ごしに来たりして常連客となった。スキー場から少し離れたペンション街は、かなりの年月を経て落ち着いた雰囲気をつくり出していた。

　ところがここにも、新たな道路計画がいくつか始まっていて、スキー場から高速道路に通じる道の拡幅だとか、ペンション街の裏側を通る新しい道を付けるだとかで、斜面が削られたり、窪地に土が盛られたりしていた。ここのスキー場も客足は減っており、むしろスキーシーズンにまとめて稼ぐようなやり方から、静かな森の中の休息地として地道な集客に目が向き始めているというのに、道路づくりだけがコントロールの効かないまま突き進み、風景をぶちこわしていた。

みんなでアファンの森に着いたとき、とてもくつろいだホッとした気分になった。それは、周囲の激しい変わりように対して、ここではすべてがゆっくりと自然の変化や木々の生長に合わせて変わっているからなのだろう。

なだらかな斜面にナラやヒノキが散在する入り口付近でニコルさんが参加者に話しかける。「買ったとき、ここは荒れ放題のやぶでした。下の道がつくられたときに水が流れなくなって木が育たない。溝を掘って水の流れを回復させ、二五種類の木を植えたんです。何が育つか、見ながらやっていくんです」。

美林を買って保存しようというのではない。山の中の大事な部分を買って何かの拠点にしようというのでもない。荒れた山、放置された山を、年月をかけて何とか自然豊かな森に戻してゆこうというのだ。

私財を投じて買い始めた土地は今では六万坪になった。換算すると約二〇町歩、二〇ヘクタールということになるが、ニコルさんは「そうじゃない。六万坪だ」という。地主を粘り強く説得しては少しずつ買い足してきた。森を育てるといっても、一度にまとめてエイヤッと植林してすますのとはわけが違う。このやぶは刈り取って、ここはこの木とこの木を残して、というように、場所に応じたやり方を考えながら育てている。その一坪一坪を積み重ねての六万坪だというわけだ。

参加者は子ども連れで来た茗溪学園高校の先生や、卒業生、筑波大学に進んだ人たちなど若い人たち中心の二十数名。ニコルさんと一緒に森を育てている松木信義さんが先生役だ。松木さんは地元のハンター仲間で、山仕事のエキスパート。ニコルさんに口説かれて森づくりを後半生の仕事にした。

松木さんが落ち葉に覆われた地面から一〇センチほどに伸びたナラの稚樹を掘り出す。「これを見て何か気がつくかな」。「葉っぱが三枚です」。「そーんなんじゃだめだ。ほら、地面の上より下に潜った根のほうが長い。木はこうやって自分を支える。下に潜って体を支える根と、地表に広がって栄養を取る根っことあるわけだ」。

漠然と眺めていた森がたちまち奥深い世界に変わる。「この幹とそっちのと、同じくらいのナラだが、木肌の割れ目がこちらのほうが広がっているだろ。こっちのほうがどんどん成長しているんだ。どちらかを伐るとなったら、こっちを残すわけだ」。「足下の葉っぱを見てごらん、ぼろぼろになって形のなくなりかけたのと、まだちゃんとしたのとある。種類によって中の物質が違うから分解のスピードが違うんだね。だからこれを養分にしている微生物にも都合がいいのさ」。松木さんの話はあれからこれへと広がって、案内はなかなか先へ進まない。二〇人もの人が集まり、子どもが駆け回っているのに、すぐそばの梢でコアカゲラがしきりにドラミングを始めた。

ニコルさんは言う。「人間がダメにした場所を、さまざまな木が茂る美しい森にするんです。この入り口付近は威厳のある場所になるでしょう。未来を想像して、信じて、松木さんと決めたことを通すんです。信じなかったら意味がない」。「想像力を信じている。でもね。明日死んでもいいから、一〇〇年後に一日だけ、ここを見られたらいいなと思う」

小高い場所に大きなコナラの木が一本ある。最初に来たときはニコルさんが両手で抱きかかえられたという。今は両手が届かない太さに生長した。森の中で一番太い。そこから数歩離れた地面をニコルさんが杖でたたく。「お墓はここに決めたんだよ」。小さな女の子がそのあたりを走り回っていた。

思えばニコルさんが大規模な原生林伐採に怒りを爆発させ、森を守るために林野庁長官に手紙を書き、さまざまな活動に取り組んで二〇年以上の歳月が過ぎた。

どうしても止めることのできない日本の自然破壊。自分の無力に自殺を考えたことさえあるという。そして、故郷ウェールズの森の再生事業を知って、自分自身が森をよみがえらせることに取り組もうと決めた。それが日本中の森をよみがえらせる一歩になることを願い、ようやく心の平衡を取り戻すことができた。はるかに遠い未来に向かって営々たる努力を重ねる。アファンの森にゆっくり流れる時間に浸りながら、ニコルさんの熱くたぎる胸の内に圧倒された。

でも、奥只見で無残に伐採されたブナの巨木や、今なお原生林を伐り、山肌を削って進められている林道工事を重ねずにはいられない。ニコルさんが超人的な努力で育てた森のささやかさと、惰性が止まらぬ無造作な森林破壊とを。

残された自然を未来の世代に

有志で「駒止高原みんなの会」をつくった。目の前で、身のまわりで、森や川がさまざまな理由で壊されてゆく。それを何とか食い止め、できるだけ次の世代に引き継がなくてはならない。そう考える人たちが集まったのである。

きっかけは「駒止湿原」の保護問題だった。僕の住む田島町針生地区から約五キロ、隣の昭和村との境にある国指定の天然記念物。ミズバショウやニッコウキスゲなどの高山植物の宝庫で「ミニ尾瀬」などと呼ばれる。

すぐ近くまで車が入り、一時間程度の散策コースもとれる手軽さがアダとなって人が入りすぎ、踏み荒らされて、肝心の湿原の存続が危うくなっている。ところが湿原を管理する田島町、昭和村と文化庁関係者から聞こえてきたプランは、湿原脇にビジターセンターを建てるだの、見学コースに休憩所やトイレをつくるだの、付近に大きな駐車場も欲しいといった内容だった。これでは、ますます人を集めて湿原を台なしにしてしまう。

行政の計画の無謀さを明らかにして止めさせることも必要だ。でも、もっと大きく構えて問題の本質をとらえ、自然の大切さをアピールしてゆくことはできないか。そう考えて出てきたのが広大な一帯の台地を県立自然公園に指定するという発想だ。

国土地理院の地図には「駒止高原」とはっきり書いてあり、台地は田島町、只見町、昭和村、南郷村、伊南村、舘岩村と六町村の約三万ヘクタールに及んでいる。標高一一〇〇メートル前後、窪地に数々の湿地が点在する。駒止湿原はその一つである。全体をこの地域の貴重な自然遺産として価値をとらえ直すのが出発点である。

かつて全体を覆っていたうっそうたる樹林帯は伐採で姿を消したが、原生状態を保ったブナ林が今もあちらこちらに残っている。湧き水や苔の豊富な谷や、流れの両側に沼や湿地が広がる渓谷など特有な自然も数多い。

七〇〇万年前に火砕流でできたというこのエリア全体を県立自然公園に指定し、その中にある原生林や渓谷渓流、湿地など豊かな生態系が残る場所を特別地域に指定する。これによって、今ある自然をしっかり守って次の世代に引き継ぐことを会の目標に掲げた。

会の発足が新聞などで伝わると、したたかな反響があった。これまでは、湿原に押し掛ける客をどうするのか、しかし入山規制は難しい、といった袋小路の議論が蒸し返されていた。そこに風穴が空いたからだ。湿原をピンポイントの観光商品と見ていた呪縛を解いて、あるがままの自然として保護する方法を考える。多くの人がそういう展望を見つけたに違いない。

地域の人たちにとって、広大な駒止高原はこれまでただの「山」に過ぎなかった。最近では山仕事もなく通る人もまれになって見捨てられていた。自然公園指定に向けて総合的な学術調査を進めれば希少動植物の存在や、ここ特有の生態系なども明らかになって貴重な価値が明らかになるに違いない。

自然公園を実現し、入山のルールをしっかりする。そうすれば、湿原の花時だけにカメラ愛好家や見物客があふれるような観光はなくなり、自然の中に身を浸してゆっくり数日をかけて高原を歩くような旅が実現するはずだ。

伐採された一帯の原生林も次第によみがえるだろう。そして何百年かののち、ここの自然はもとの豊かさを取り戻すに違いない。

田子倉湖から見た浅草岳。深い雪と険しい地形に守られて
広大なブナ原生林が残る（南会津郡只見町で）。

伐り倒されたブナの大木。後に森林管理支署による違法伐採とわかった。
後ろ姿が河野昭一京都大学名誉教授(2002年6月、浅草岳山ろくの沼の平で)。

「この森で一番太い木だよ」とコナラを抱きかかえるC.W.ニコルさん。
お墓はこのそばにつくる（長野県信濃町の「アファンの森」で）。

農の楽しみ、
六年。

田舎のにおい

さまざまな野菜をつくって食べよう。もちろん有機栽培で。山里に移住を決めたとき真っ先にそう思った。季節を失い味と香りを失った店頭野菜におさらばして、土のにおいのするゴボウやサトイモを自分でつくろう。だれもが思い描く田舎暮らしの幸せである。

さて、家の前の一〇〇坪ほどを畑にすることにして、土を多めに置いてもらった。ホームセンターから鍬とシャベルと草刈り鎌などを買ってきたが、農作業とはほとんど無縁に成長し、暮らしてきたことに気づく。

記憶をさかのぼると、太平洋戦争中に住んでいた東京・荻窪の日々を思い出した。幼稚園にあがる前の四歳か五歳のころ、庭のある小さな借家に住んでいて、「大家さん」が農家だった。広い屋敷周りが子どもたちの格好の遊び場で、収穫期には母屋の前の庭にむしろが敷かれ、足踏みの脱穀機が「グォングォン、ノンノン」とうなった。脱穀のすんだ稲わらが積まれ、そこに寝転がって遊んだ。稲わらのにおいと、暖かい日差しに眠気を催した。

　収穫の終わりの日、子どもたちも家にあがってごちそうになった。つきたての柔らかい餅に黄粉や納豆をからめて食べる。サトイモを皮ごとゆでたのに塩をふり、歯に押し当ててつるりと皮をむいて食べる（「衣かつぎ」なんて呼び方を知ったのはずっとあとのことだ）。「ほら、こうやって」と教わって食べたおいしさが記憶に刻まれた「田舎」である。

　小学校上級から中学まで、勤め人の父親が庭に畑をつくっていたので手伝わされた。といっても、もっぱら真夏の水やりである。新潟市のいやに広い住宅で、海岸近くの砂地だから、畝にいくら水をかけてもしみ込んでいく。夕方に水をやるのが日課だった。台所の外にある水道で大きなバケツ二つを満たし、両手にぶら下げて家の脇を回って畑まで、結構な距離を毎日一〇回は運んだろうか。おかげで腕力はついたが、身長が伸びなかったのはこのせいかもしれない。

　努力の割に野菜の出来は悪く、トマトなどは実るそばから変色して落ちた。今思うに乾燥を好むトマトに水をやりすぎたに違いない。ほかには何も手伝わなかったが、ここに来て鍬を持ち、最初に畝をつくったら、カミさんに「手際いいじゃない」と誉められた。父親がやるのを、なんとなく見ていて覚えたのだろう。

病める土

家の地鎮祭をやった四月、気持ちのよい春風に異臭が漂った。畑にするため寄せてもらった土が悪臭を放っていた。直前まで水田だったから毎年撒かれた殺虫剤、除草剤が残り、化学肥料も残っている。すき込まれたわらや稲株を分解する微生物がほとんどいないので、春の暖気で腐敗発酵するのに違いない。

二年目の春もやはり異臭が漂った。においだけの問題ではない。生えてくる草は田んぼに生えるタマスゲやオニシバ、牧草らしいもの、そして除草剤に負けなかったアメリカセンダングサなどの帰化植物が大きく伸びた。昔、野道で見たようなハコベ、オオバコなどは姿がなかった。ミミズは水路際の水浸しのところにドバミミズがいたくらいだ。

何か手を打たなくてはと有機農業のハンドブックや堆肥のつくり方などなど、買い求めた本のあちらを開き、こちらを開きするのだが、堆肥をつくるために上屋を建てたり、木枠をこしらえたりするのは大仕掛けすぎて手が出ない。それではと袋詰めの有機堆肥を買って撒いたが、一〇袋や二〇袋ではどこに撒いたかわからないのでやめた。落ち葉を集めて積み、生ゴミのコンポストを買ってきたが肥料に使えるのは先の話だ。

農業志向の新住民はいろいろ試みていた。「山の土がいい」と言う人が多く、林道工事の現場に掛け合ってトラックで運ばせる人があり、製材会社が樹皮を発酵させてつくった堆肥を大量に投入する人があった。どちらも強引にすぎる気がしてやらなかった。

結局、これという手段を講じないままに過ごした。三年目から草の種類が目に見えて増えた。土を掘るとあちこちにミミズが姿を見せるようになった。そうして五年を過ぎ、草の種類はさらに増え、チョウもハチもこんなにも種類があるのかと思うほどたくさん飛び回っている。土を掘ればいいにおいがする。無数にいるミミズを追ってモグラやノネズミが盛んにやってくる。

何という豊穣な世界が今、僕の畑にあることか。あの病んだ土からは想像もできない。結局、ほとんど放置したことがよかったのだ。いや、生命を殺す農薬や化学肥料を絶ったことがよかったのだ。それだけで、自然はこのように回復する。目の前の傾斜地に広がる田んぼが山里風景を演出しているが、土は病んでいることを今の僕は知ってしまった。春、トラクターが田んぼを耕す時期に散歩すると、あのにおいが鼻を突く。それほどひどく臭わないのは、耕すそばから水が引き込まれるからにすぎない。

食べ物を育てる農業は自然の力に沿ってしか復権できないだろうとつくづく思う。

よその畑は

引っ越してきたばかりのころ、あちこちで農家の庭先の畑を眺めては不思議でたまらなかった。ナスの背丈の高いこと、カボチャの葉っぱのでかいこと。どれもこれも作物が巨大なのだ。なぜだろうかと思いを巡らせ、高冷地のせいではあるまいかと考えた。

標高七〇〇メートルから八〇〇メートル、一二月から四月半ばまで積雪があり、五月もしばしば霜が降りる。こういう厳しい自然条件に耐え、生存競争に勝ち抜いて夏を迎えた野菜がパワー全開で目いっぱい育ってしまう。つまり高冷地特有の現象である。大まじめの仮説をカミさんについ漏らしたので、後からさんざん笑い話の種になってしまった。

何のことはない。自家用につくる畑にも化学肥料をたっぷり使い、とりわけ窒素をたくさん与えるから葉っぱや茎がどんどん伸びて大型化し、それが今や標準サイズになっている。僕が夏休みに田舎に遊びに行ったのは昭和三〇年ごろまで。その後は間近に野菜を見ることもなかった。何十年ぶりに畑に立った今浦島の発見である。

最初のころ、黒々とした土で畝を立て、野菜が育っている畑がうらやましかった。黒くてしっとりとした土がいかにも肥沃な感じだ。葉の緑が土の色によく映える。どうしたらあんなにきれいな土になるのだろう、と思った。だが、作物以外は草一本生えていない。ということは、除草剤、発芽防止剤、殺菌剤がよほど念入りに撒かれているということだ。それがわかって、うらやましさは消え去った。

トマト畑の上は、ほとんどがかまぼこ型のビニールシートで覆われている。トマトは雨がかからないほうが育ちがいいし、実が濡れるとひび割れしやすい、などが理由のようだ。隣の南郷村が首都圏でもかなり知られたトマト産地で、巨大なビニールハウスによる甘い桃太郎トマトで評価されているのも影響しているかもしれない。いつも傘をさしたようにビニールシートの下で育つトマトは何だか窮屈そうでかわいそうだ。

どうやら大量の出荷をするための技術が、自家用の畑でもお手本になっているようだ。だからそれをつくるおばあさんたちの頭の中も、農協が指導するような模範に合わせて立派な野菜に育てることでいっぱいだ。堆肥をつくったり、種を採ったりしたせっかくの経験は忘れ去られている。だから、僕の畑に参考になる話を聞き出すのは無理と悟った。

欲張ってはいけない

耕作をやめる田んぼが毎年のように増えている。やめても放っておけば草ぼうぼうになってしまうから草刈りくらいはやらなくてはならない。これが馬鹿にならない労働だから「荒らしておくよりは」と喜んで新住民に貸してくれる。正式の貸借関係だと、耕作権や補助金の関係があって面倒になるからだろう。口約束で話がつく。お酒一本か二本がお礼の相場だ。

ともかく、一声かけるだけで五アール、一〇アールという土地が自由に使える。都会近郊の市民農園とは比べようのないスケールだから、新住民には夢のような話だ。ついつい夢が膨らんで欲張りすぎになる。

別荘のOさんはブルーベリー農園を構想した。自分がうまくゆけば地元の人たちもやるようになる。腰をかがめずに収穫できるから高齢化しても大丈夫。この地区に福音をもたらすことにもなる。そう考えて一〇枚、六〇アール近い田んぼを一挙に借り、畑に変えるためにパワーシャベルも買い入れた。

ブルーベリーは実をつけ、苗木も順調に育ってきた。しかし大半の田んぼは手つかずで、背丈を超えるアシが茂るようになった。家族総出でやって来ては炎天下で草刈り機で刈る重労働を繰り返した。水路を掘って水はけのよい畑にしようとパワーシャベルで奮闘したが変わらない。ブルーベリーの雪対策にも手間がかかり、植え付けを増やす余力はない。借りた田んぼをあらかた返して軌道修正中だ。

僕も同じようなことをやった。五アールほどの休耕田を一枚借りて畑にした。家から少し離れているからジャガイモと大豆をつくる計画である。鍬で土を起こして畝をつくっていった。いい汗をかく充実した作業だが、何しろはかどらない。半分のところまでで中断し植え付けをした。

それなのに隣の田んぼのおばあさんに頼まれて、もう一枚借りてしまった。「時間はたっぷりあるし、畝をつくってしまえばあとは楽だ」と考えてのことだ。しかし、畝つくりができるのは秋の収穫後の少しの期間と、雪が消えてからの期間に限られる。傾斜地なので雪解け水とともに畑周りの水路に土が流れ込み、春にはこれを掘り出さないと埋まってしまう。

水路の手直しと、畝つくりと。いつか追いつめられた気分で不機嫌に鍬をふるっている自分に気づいた。幸か不幸か、持ち主の事情で田んぼを返す話になり、ジャガイモ・大豆畑構想は白紙に戻った。太陽と季節の巡りの中で、人に与えられた時間は限られていることを教えられた。

農薬の奨め

ヘリコプターが上空に来てスピーカーが聞こえたら、山火事防止か農薬だ。農薬といっても幸い空中散布ではない。山間地のここではさすがに低空飛行は無理なのだろう。製薬会社のチャーター機が飛んで、しきりに病害虫防除の農薬使用を奨めている。「イモチ予防には×××」「今が薬剤散布のチャンスです」「早めの散布でばっちり収穫」という具合だ。

回覧板に挟まれてくる農協のチラシや、行政の出す作柄情報を見ていると、農薬には実にさまざまな用途のものが用意されていて、状況の変化に合わせて使われるのを待っていることがわかる。

ある年、夏の天候がよく、稲の生長が早かった。チラシには作柄は良好で稲の丈が平年に比べて数センチ長いというデータが載っている。結構なことだなと思ったら、先があった。曰く、このまま伸びすぎると秋に倒伏のおそれがある。伸びを抑えるにはAの肥料を、茎を硬くして倒伏を防ぐにはBの薬剤をと奨めてあった。

病気が出そうだ、害虫発生のおそれがあるという情報は必ず、早く手を打ったほうがいい、手遅れになっては大変だという助言を伴っている。でも、病気も虫の発生も場所によって異なるから、薬剤散布の必要性は田んぼ一枚一枚違うはずだ。専業農家で田畑の様子をよく見ている人ならその判断は容易だが、めったに田んぼに出ない兼業者は不安にかられる。安全を期してとりあえず撒いておこう、ということになる。

兼業農家に対する指導だかサービスだかが行き届いているのは驚くばかりだ。極めつけは、刈り入れ時期に田んぼに立てられる旗だ。「この水田の稲刈り適期は○○日ごろ」とある。田んぼの刈り取り時期まで他人に決めてもらうのが当たり前になってしまったのだ。

敵とはしないが

「耕さず、肥料、農薬を用いず、草や虫を敵とせず」。奈良県桜井市で自然農を営む川口由一さんの考えに出合って、迷いが消えた。今日の大規模・機械化・化学農業の対極にあるというだけではない。動植物から土中の微生物にいたるまで、無数の生命が巡る自然界の営みに沿ってこそ、命のもととなる食べ物を得る農業がある。川口さんはそう説き、立派に一家を養う農業を成り立たせている。

福島県川俣町の農家佐藤和夫さんも川口さんの考え方で自然農を営み、農場に若い研修生を何人も受け入れて教えている。佐藤さんの農場は何度か見学した。そこで川口さんの話も聞くことができた。二人の生き方を見せてもらって揺るがぬ安心を得た。

もう一人安心を支えてくれるのは『農薬を使わない野菜づくり』（洋泉社）の著者徳野雅仁さんだ。イラストレーターの徳野さんは、家庭菜園を始めて、いろいろな入門書が農薬や化学肥料を奨めているのに疑問を抱き、自分で栽培実験を重ねた。たどりついた結論は川口さんの自然農とほぼ一致している。徳野さんの本は、野菜の種や芽生え、生長段階が実物大のイラストで解説されているのでとてもわかりやすく、カミさんの畑づくりのバイブルになっている。

生命力がすっかり回復した畑は、野菜がかなりよく育つようになった。寒冷地のハンデがあるので種類が限られ、形が極端に小さかったりするが、味と香りは宅配で取り寄せる有機野菜をはるかに凌ぐ。食卓の話題は自画自賛の嵐となる。「肥料、農薬を用いず」はきっちり守っている。「耕さず」は夫婦でしばしば判断が分かれる。種をまいたり、苗を植える場所の草の根をどの程度取り除くか。その加減をめぐって言い合いも起きる。でも、一番難しいのは「敵とせず」だ。

アブラムシやテントウムシダマシなど作物をだめにする虫が大量に発生することはない。さまざまな虫が棲むので一種類だけがはびこるわけにゆかないからだ。ところが、ミミズがずいぶん増えたのを追ってモグラが来た。畝の中を穴だらけにするのはいいが、その穴を通ってノネズミが来てジャガイモをかじる。「ま、彼ら先住民の分だと考えるか」と腹の虫を抑える。

トウモロコシはなかなか育たなかった。ようやく実をたくさんつけるようになり、今年こそはと喜んでいたら、さあ食べごろというときにアナグマが来てきれいに食べてしまった。いくら先住民と言ったって、こちらの分け前は食べ残した一本きり。あんまりひどいではないか。

稲作のてんまつ

一年目で天狗になった

移住した翌年に「植えるばかりにした田んぼがある」と誘いがかかって、考えてもみなかった米づくりに手を染めた。三・五アールの田んぼで一五〇キロほどの籾が穫れた。そこそこの成績なので収穫祭をやってみんなで祝杯をあげ、いい気分を味わった。

だが、あとで考えてみると自分でつくったと言えるかどうか、はなはだ疑わしい。苗はもらってきたし、田植えは家の土地の地主さん夫婦が一緒にやってくれた。一緒にというより、段取りを含めて地主さんが駆け回り、二人が植えてゆくスピードにはるか遅れてついて行ったに過ぎない。僕が植えた苗は五分の一もなかったろう。

稲刈りのときは田んぼの持ち主もやって来て天日干しをするための〝ハデ〟を組んでくれた。脱穀は近くの田んぼに機械を入れた人が、ついでだからとやってくれた。かなりの傾斜地にあるので土手際の土が崩れやすく、畦が壊れて水路も埋まりかけていた。それを地主さんが黙って直してくれたこともあとで知った。

結局僕がやったのは、手押し式の除草機を転がして二、三度草を取ったのとヒエを抜いたくらいだろうか。それでも農薬、肥料は奨められても断固ことわり、ほとんど毎日、朝も晩も田んぼに出かけて水の駆け引きをしたから、自分では手間ひまかけて育てたという気分があった。ともかく農薬、肥料を使うことなく収穫できたから、と自慢の鼻を高くした。

二年目は大幅減収

気をよくした二年目は、隣に空いていた田んぼを借りてもう一枚つくった。東京にいる子どもたちにも安全な米を確保してやろうと一挙に規模拡大である。結果は一年目の半分しか穫れなかった。面積が二倍で収量は半分、つまり四分の一の作柄に急落したのだが、畑同様、土がよみがえって来るのを待てば大丈夫だろうと楽観していた。

自分たちの手ですべてやったことにも満足していた。苗代をつくって種籾をまき、苗を育てた。田植えも大幅に遅れたが夫婦でやりとげた。問題は脱穀だった。機械を頼むには量が少なすぎる。どうしたものかと悩んでいたら、地主さんのところに足踏み式の稲こき機があった。田んぼに運んで備え付け、踏み板をいっぱいに踏んでドラムを回転させる。稲束を押しつけると「グォングォン、ノンノン」と遠い昔の音がして籾の粒が飛び散った。

三年目は種だけ、四年目は草に埋まった

年を追って稲の育ちは悪くなった。結果は三年目は種籾を確保するのが精いっぱい。四年目は体調を崩して草取りを怠ったために、とうとう稲が夏草の中に埋まって見えなくなった。

肝心の稲こそ育たないが、それほどがっかりもしなかった。田んぼに驚くばかりたくさんの生き物が棲むようになったからだ。夏の朝は一面にクモが巣を張り、そこに朝露が降りる。朝日を浴びて田んぼ全体が銀白色にきらめく。散歩で通りかかったおばあさんが「昔はみんなこうだったなあ」と立ち止まってしばらく眺めて行った。オニヤンマがいつも旋回しているのは、餌になる虫がたくさんいるからだろう。色鮮やかで繊細な糸トンボもいろいろな種類が見られる。水中にはヤゴや背中に卵をくっつけたコオイムシが泳いでいる。高原の湿地にでも遊びに来たようで、田んぼに来るのはいつも気持ちがよかった。

四年目の秋、田んぼを埋め尽くした草を刈った。めったにない経験をしたのはそのときだ。草刈り機のエンジンを止めてふと頭を上げると、二〇〇羽とも三〇〇羽ともつかないアマツバメが飛び回っていたのだ。僕の体の一メートルほどのところまで来ては身をひるがえして急角度で舞い上がる。鋭く空気を切る羽音が風のようにうねって聞こえた。草を刈られて飛び出す羽虫を狙って集まったのだろう。大きく小さく弧を描くダイナミックな群舞が三〇分も続いた。

満塁の好機に三振

僕の田んぼはなぜ穫れないのか。川口さんらの田んぼでは収穫後に麦をまき、それを刈り倒して田植えをする。脱穀後の稲わらも田んぼに戻し、麦と稲のわらが分解して次の稲の養分となる循環ができていた。高冷地では麦が育たないから、どのようにその分を補うかが問題だ。そこまでは推測したが、打つべき手がわからず、手をこまぬいていたのが極端な不作の最大原因だろう。苗の育て方も悪く、不耕起の田んぼでしっかり根を張ることができなかったのも響いた。五年目は苗のつくり方を変えて、田植えまでは割合うまくいった。そこに一〇年ぶりの冷害。生育は悪くやはり種籾分しか穫れなかった。

田んぼを始めたころ、身勝手な空想をした。自然農で育てれば冷害にも負けない稲ができる。何年かあとに大冷害がきっと来る。そのときこそ自然農の力を周囲の人に実証できる、と。二〇〇三年の冷害はシナリオ通りの好機だった。そのときに種しか穫れないとは。満塁のチャンスに空振り三振ではないか。悠長に構えすぎたことを悔やんだ。

思いもかけず、新しい希望が現れた。村で稲作をやっている数少ない若手のチカラさんが声をかけてくれたのだ。息子と同じ三〇代半ば、二人の子どもを持ち、会社勤めもしている。「岡村さんのみたいじゃ無理だけど、半作穫れたら可能性あるな」。テレビで不耕起栽培の番組を見て、興味を持った。僕の田んぼも時々見に来たらしい。彼は言う。「トラクターも肥料代もいらない、労力も少ないから、不耕起で六割でも穫れればやっていける。子どもたちのためにも農薬は使いたくないし、余っている田んぼを使えるのもいい」。

　寒冷地でも可能な不耕起栽培の研究が進んでいる。それをやってみたいとチカラさんは言う。僕が五年間つくった田んぼは持ち主の事情で返すことになった。別の田んぼを借りる話もついたところだ。失敗続きのような六年間だが、次への準備にはなったわけだ。ドン・キホーテの新たな旅を始めようか。

自然農のわが庭の畑。3年目からいろんな草が生え、
野菜も元気に育つようになった。

2年目の田んぼ。天日干しした稲を足踏み式の脱穀機にかける。
レトロな収穫風景を自慢していたが翌年からさっぱり穫れなくなった。

カミさんの山里レシピ

文：岡村 惇子

畑なべ

夏の終わりにダイコン、ハクサイ、コマツナ、サントウサイなどの種をまきます。私の野菜は、農薬はもちろん肥料もまったく使わないのであまり大きくはなりませんが、土の栄養分をたっぷり吸収した、味も香りも高いおいしい菜っぱになります。小さい芽がいっぱい出てきたら、何回かに分けて間引きます。

間引き菜を山ほどざるに盛り、食卓に。おかかを掻いてとっただし汁を土鍋にはり、沸騰したら小さく切った鶏のもも肉（２人で半分もあれば十分）を入れ、酒、薄口しょうゆ、みりんで吸い物より気持ち濃いめに味をつけます。肉に火が通ったら火を弱め、菜っぱを次々ほうり込んで食べるだけです。体中に野菜のにおいが立ちこめるような、とてもすがすがしいおいしさです。山盛りの野菜もあっというまに食べてしまい、あとはうどんを入れて仕上げます。

１時間前までは畑にいた野菜たち。シャキシャキとした歯ごたえもたまりません。毎日のように食べても飽きません。自分で畑をつくっているからできる幸せ。食いしん坊には田舎の暮らしもなかなかです。

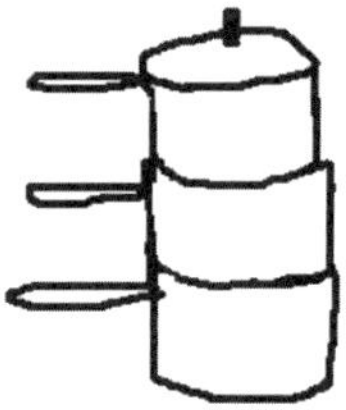

山菜

雪が解けると春を待っていたフキノトウが庭にいっぱい出ます。どこから種が飛んできたのでしょう、最近はヤマウドも採れるようになりました。ワラビなどは少し歩けばいっぱい摘めますが、わが家では１回食べる分だけ摘んできます。たくさん採って塩漬けにする保存方法もありますが、私は味も香りも新鮮なシーズンの間だけいただくことにしています。

ヤマウドの頭の部分やタラの芽、フキノトウなどを細かく刻み、エビ（手に入れば生の桜エビ）とかき揚げにすると、すこぶるおいしいです。

ワラビをゆでては、台なしです。せっかくのシャキシャキとした歯ざわりがなくなってしまいます。深めのバットに、根元を手で折ったワラビを並べ、木灰か、わら灰を乗せて熱湯をかけ、完全に冷めるまでそのままにしておきます。きれいに洗い５センチくらいに切って鉢に盛り、おかかをたっぷり掻いてのせます。春の朝の幸せな食卓です。

【わが家風フキ味噌】フキノトウをみじん切りにして水でさらす。水を切って味噌と混ぜ、アルミ箔に薄く広げてオーブントースターで軽くこげ目をつけます。炊きたてのご飯に乗せて食べてください。さっとゆがいたスルメイカと和えると、酒のつまみにもってこいです。
【フキの葉の佃煮】フキの葉がまだ薄緑のときにたくさん摘んで、佃煮をつくります。葉をゆでて水にさらし、細かく刻みます。固くしぼって鍋に入れ、酒としょうゆ少々、種を抜いた梅干しとシラス干しを入れ、汁気がなくなるまで煮詰めます。

つくり方はいたって簡単です。前の晩から大豆を水に浸しておきます。豆が指でつぶれるくらいやわらかくなるまでゆでます。その間に糀と塩を混ぜておきます。次に豆をつぶし、糀に混ぜます。大豆のゆで汁で固さを調節して、よく消毒した容器にハンバーグの要領で丸めた味噌をたたきつけるように入れ、すき間がないように詰めます。涼しいところに置いて1カ月後に天地を返します。梅雨が明けるまでは絶対にふたを開けないこと。夏には食べられるようになります。出盛りのキュウリにつけて食べてください。

味噌漬けは、砂糖やみりんを使わずに味噌を酒で溶くだけです。牛肉の間に薄くのばして挟み網で焼いたり、ネギ味噌（太ネギを小口切りにしておかかと味噌を混ぜる）も大変おいしい。もちろん、毎朝の味噌汁にはなくてはならないものです。

味噌

味噌を家でつくるようになって15年ほどたちます。夫の転勤先の新潟で講習を受け、すっかりやみつきになってしまいました。最初の年は10キロつくったのですが、あまりのおいしさに半年で食べてしまいました。翌年はマンションの狭いキッチンで頑張って20キロつくりました。夫もその日は休暇をとって手伝ってくれました。

住んでいる針生でも今は味噌をつくる家はずいぶん少ないようです。頼まれて先生をするようになりました。毎年10人以上の方がつくりに来ます。1年目はフードプロセッサーで豆をつぶしていたのですが、とても追いつきません。とうとう味噌すり機なるものを買ってしまいました。

大豆は自分でつくるつもりでしたがたくさんはできないので、福島県二本松市の大内信一さんが有機無農薬でつくったものを分けてもらっています。岳《だけ》温泉主催の料理コンテストで優勝し、そのときの副賞が大内さんの野菜でした。それ以来お世話になっています。

春にフキノトウが顔を出すと、知人や友人に味噌とフキノトウを箱に詰めて送り、喜ばれています。

米糀4キロ、大豆2キロ、塩1キロで10キロ強の味噌ができます。糀を普通の倍入れることにより、甘みが強く塩分の少ない、かなりやわらかな味の味噌になります。

魚

２人とも魚が大好きです。山の中で暮らす一番の心配は魚でした。今はインターネットで捜せばあちこちの市場から、とてもよいものを取り寄せることができますが、年金暮らしの我々にはぜいたくすぎますし、財布が風邪をひいてしまいます。町に出たときは、必ずスーパーの魚売り場をのぞきます。新潟港からの小アジや太平洋からのサンマなど、なかなか新鮮なものが並んでいます。

もう一つうれしいことは、わが家を建ててくれた建築屋さんに時々、天然物のカンパチやカツオが届くことです。「静岡出身の惇子さんなら魚さばきは得意だろう」というわけで、私が一手に引き受けるようになりました。山の中で暮らしてきた方たちは、刺身を食べられない人も多く、ましてやアラ炊きなど好まないので、おいしいところをちょうだいしています。

最近は当たり前のようにイワナや、ヤマメを刺身にして食べていますが、私は口にすることができません。川魚の生食はだめと教えられてきたからです。いつから食べてもよくなったのでしょう。以前泊まった宿のご主人に聞いたところ、「養殖だから大丈夫です」と理解に苦しむ答えが返ってきたことがあります。しかし年に１、２回、夫が裏の川から釣ってくるイワナと、村のヨシタケさんが隣村の伊南川で釣ってきてくれるアユを炭火でゆっくりゆっくり焼いて食べるのは格別です。

日本料理の先生

春にエンドウがたくさんできたので豆ご飯を炊きました。昆布でだしをとり、塩を加減して豆も一緒に入れて炊きます。少し退色しますがとてもおいしいです。

私の日本料理の先生は辻嘉一さん（注）の本です。辻さんは、色を気にしすぎて、豆をゆでておき、炊きあがったご飯に混ぜるのはいけないと説いています。かやく飯もそうです。米の中にいろんな味が吸い込まれておいしい炊き込みご飯ができるのです。

結構有名な日本料理屋さんでも、キヌサヤは味もしない飾り物でがっかりすることがあります。私が疑問に思っていたことは辻さんの本を読むとほとんど解消します。

テレビや本で間違った教え方をしている人が多いと嘆き、料理に砂糖を使いすぎることも戒めています。そういえばイタリア料理、フランス料理など砂糖はほとんど使っていません。しょうゆと砂糖は相性がよいためなのでしょうが、砂糖を使いすぎると野菜のほのかな味が消えてしまいます。

【小カブの煮物】 だしをしっかりとってみりんと薄口しょうゆ、塩で味付けした中に、皮をむいた小カブを入れやわらかくなりすぎないようにさっと煮ます。火を止める少し前に、刻んでおいた葉も一緒に煮ます。鉢に盛ってからおろしショウガをのせてどうぞ。寒さが増してきたころ、体が喜ぶ１品です。

（注）辻嘉一　1907－1988年。懐石料理「辻留」主人。京都生まれで日本料理の研究・普及につとめ、著書多数。

(注) 大地　安全な食品をだれもが手に入れられることを目指すネットワーク「大地を守る会」のこと。株式会社大地を軸に、消費者と生産者、加工品製造、流通業者と結び、全国宅配している。(大地ホームページ= http://www.daichi.or.jp)

レストラン「ログキャビン・ムー」の外観。

ムー

ヨーロッパでは人口が300人ほどの田舎の村にも、必ずレストランがあるということを聞きました。そこで、私もやってみようと一大決心をして、国道沿いにあるログハウスを借り「ログキャビン・ムー」が誕生しました。

自分が日常食べている安全な食材を使いたいので、ロスが出ると経営が成り立ちません。そこで予約制にしました。外食をする習慣がない上に店内禁煙にしたせいか、村の老人はほとんど来てくれませんが、新住民や小学校のPTAの集まりに時々使っていただいています。

田島の町で飲むと、10キロある帰りのタクシー代が安くありませんが、「ムーからだと這ってでも帰れる」そうです。そんな日はいつも夜中の12時を回ってしまいます。片付けが遅くなって大変ですけれど、楽しそうに飲んでいる姿を見ているのはいいものです。

一度来ていただいた方にはなるべく同じものを出さないように、また年齢層に合わせてメニューを変えています。ただし、「大地」（注）の食材が届くのは１週間に１回なので苦労します。近くに安全な食べ物を扱う店がほしいです。

本当は自宅で、最大でも8人のお客さんで身の丈にあったお店にしたかったのですが、保健所の許可を取れませんでした。規模には関係なく台所が２つないとだめとか、合併浄化槽をもっと大きいものにしろとか、日本の行政は何だかとても窮屈です。

【材料（7～8個分）】

中ぐらいのジャガイモ…………6個
豚ひき肉…………………………50g
タマネギ…………………………半個（みじん切り）
卵…………………………………2個
小麦粉
パン粉
塩、コショウ、揚げ油

【作り方】

①ジャガイモは皮ごとゆでて熱いうちに皮をむき、つぶして塩、コショウしておく（完全につぶさず、少し固まりがあるぐらいがよい）。
②ひき肉とタマネギをよく炒める。塩少々と隠し味にしょうゆをひとたらしする。
③ジャガイモのあら熱がとれたら卵を1個割り入れる。②も入れて混ぜ、好みの形にする。
④フライの要領で小麦粉、卵、パン粉の順につける。
⑤中温の油で揚げる。しばらく動かさないようにすればパンクはしない。

コロッケ

子どものころ、コロッケは肉屋さんで買っていました。「20個ください」、「ちょっと待ってよ」と、揚げたてを経木に包んでくれました。5年生のとき、母の読んでいた雑誌「主婦の友」につくり方が載っていたので、つくってみました。ゆでたジャガイモは裏ごしをすると書いてあったのですが、よくわからず適当につぶし、炒めたひき肉とタマネギを入れ丸めて揚げてみました。とてもおいしい、とほめられ、すっかり料理好きになってしまいました。高校生になると上達したので、クリームコロッケをつくったり、裏ごししてなめらかになったジャガイモでつくったりしたのですが、家族の評価はさんざんで、前のほうがおいしいと言われました。

下の息子はコロッケが大好きで、誕生日、クリスマス、いつでも注文はコロッケでした。ハンバーグやカレーなど“お子様メニュー”が食卓にのぼればそっぽを向く夫も、コロッケは喜んで食べます。

夫の会社へ差し入れに100個以上つくったことも何回もあります。顔を知らない方にいきなり、「この前のコロッケはおいしかったです」と言われてびっくりしたこともありました。

ジャガイモ

わが家族はジャガイモが大好きです。煮ても、焼いてもおいしいジャガイモはアレンジがいっぱいできて、とてもよい食材です。ポテトチップスも家でつくれば塩分控えめになります。

【ゴロゴロいも】小ぶりのジャガイモをきれいに洗い、皮ごとゆでます。味噌に酒を入れどろどろに溶いておきます。中華鍋に油を熱し、ゆで上がったジャガイモを入れ軽くこげ目がつくくらい炒めます。溶いておいた味噌を一気に入れ炒め合わせます。味噌のこげるにおいがしてきたら出来上がりです。

【ポテトとチーズのポアレ】ジャガイモを皮ごとゆでます。あら熱がとれたら皮をむき、チーズおろしの粗めのところを使い、おろします。自分の好きなチーズ数種類を細かくスライスして、ジャガイモと混ぜます。テフロン加工のフライパンで軽くこげ目がつくまでかき混ぜながら焼きます（裏面も）。

その日の気分でチーズを多くしたり、ジャガイモを多くしたりしています。お店でも大変人気のあるメニューです。くせの強いブルーチーズやゴルゴンゾーラを使うときはお客様にお伺いをたてます。かなり年輩の方でも女性は試してみたいと言ってきれいに食べてくださいます。男性はチーズと聞いただけで拒否反応を示す方が多いです。こと食に関しては、男性は保守的なようです。

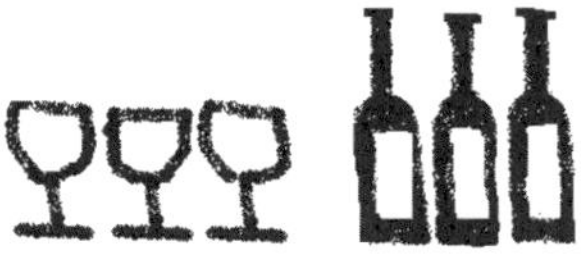

だしをつくろう

スーパーの棚にたくさんのだしが並んでいる。そうめんのつゆ、すき焼きのたれ、ぽん酢にドレッシング。こんなにいろんなものを買って全部使い切れるのだろうか、ごみもずいぶん出るだろうに、と他人ごとながら気になります。

そうめんのつゆなど自分でつくるのに大した手間もかかりません。鍋に昆布を入れ火にかけ、その間にかつお節を掻いて湯が沸くのを待つ。あとは酒、みりん、しょうゆ、塩で好みに味付けをすれば出来上がりです。(息子が１人で暮らしているとき、味付けの分量はと聞いてきたので、なめてみればわかるよ、と言いました。それでちゃんとできたようです)。

大鍋にたくさんつくって小さいペットボトルに入れたり、製氷皿で凍らせたりします。小さく固めただしはお弁当のおかずを煮たり、和え物などに少し使いたいとき、とても便利です。

知人の住む田舎では、どこの家に行っても煮物の味が同じだったそうです。みんな同じめんつゆを使っているからと、笑えない話です。

わが家は山間地で地上波テレビが見られないので、「体によい食品」の話題についてゆけません。突然聞いたこともない用語が飛び交ってびっくりすることがよくあります。テレビで紹介されたものにはすぐ飛びつくのに、食品添加物などには無神経で、食の安全については考えないようです。

赤ワインのポリフェノールの効能がしきりにいわれていたころ、「赤は好きじゃないけど１杯ぐらいは頑張って飲まないと……」と顔をしかめて飲んでいる女性を見かけて、吹き出してしまいました。おいしくいただいて初めて栄養になると思うのですが。

【材料】

紅玉……………………………小5個
水………………………………1000cc
グラニュー糖…………………500g

【作り方】

①リンゴはよくよく丁寧に洗う。ヘタとお尻の凹んだところを取り去る。
②鍋に丸ごとのリンゴと水を入れる。煮立つまでは強火で、その後弱火にして4時間ほど煮る。この煮汁がジェリーになるので、捨てないように。
③実をサラシの袋に入れ、漉す。袋を高いところに吊し、一昼夜かけて汁をためる。(袋を絞らないように。果肉が混じってしまうときれいに仕上がりません)
④②と③の汁を鍋に入れ6割ほどに煮詰める。(最初に菜箸などに印を付けておくとわかりやすい)
⑤砂糖を入れ、しばらく煮る。アクが出てきたら取り除く。水を入れた皿に数滴垂らしてみて少しまとまるようになれば出来上がり。冷めると固くなるので煮すぎないようにします。

アップルジェリー

澄んだ琥珀色の、ガラス粒のような水泡がいくつも浮かんだ美しいアップルジェリーを雑誌で見つけて、紅玉が手に入ると少しずつつくっていました。でもリンゴ産地の福島にいても、紅玉はめったに手に入りません。

隣町の渡部貴人さんにその話をしたら、いとも簡単に「ボク、つくりますよ。減農薬で」と引き受けてくれました。何年待つのかな、遠い話なのだろうな、と思っていたら、２年後に６個の紅玉を持ってきてくれました。他のリンゴの木に紅玉を接ぎ木すればすぐできるのだそうです。２瓶のジェリーができました。そして今年は30個。全部私のものだそうです。ジェリーがたくさんできました。私だけの紅玉の木が１本あって、それが毎年毎年実を結ぶ。夢のような話です。あら大変。まだ私のリンゴの木を見に行ってません。リンゴの白い花が咲くころ、お弁当を持って出かけましょう。

リンゴと稲作を中心に農業を営む渡部さんのことは98頁をご覧ください。

料理教室

針生のペンション「ツムット」で、若い2人が計画し、ご両親も招待した、とてもすてきな結婚式がありました。そのとき料理を頼まれたのが縁で、月に1回料理教室を開いています。

以前講習に通っていた東京・湯島のフランス料理店「タントマリー」のやり方を見習いました。シェフが料理をつくり、私たち生徒はレシピを片手に見学です。疑問はその都度質問します。講習がすんだあとはワインを飲みながら、さきほどの料理（1人分ずつきれいに盛りつけてある）をいただくというものです。

料理教室では私が3品ほどをつくり、生徒さんたちは見て覚え、後は楽しく会食です。地元で手に入るもの、季節のものを使った手軽な家庭料理を中心に指導しています。あまり手の込んだものはやらないようにしています。簡単な料理も慣れてくればいくらでもアレンジでき、それぞれの家庭の味になってゆくと思います。翌月会ったとき、「この前のつくったよ」と言われるのがとてもうれしいです。

私のレシピにはあまり細かく分量が書いてありません。それぞれの家庭で使っている調味料の種類が違うためです。

頼まれて30人くらいの方に教えたことがあります。このときは分量をキチッと書き、グループごとにつくってもらったのですが、出来上がりは微妙に違っていました。まったくの初心者は別として、料理はつくる手順や分量よりも、ちゃんとした味を覚えることが大切だと思います。

岡村　健（おかむら・けん）　1938年生まれ、新潟市で育つ。朝日新聞社に入社して九州、四国、東北、東京などで記者生活、公共事業による自然破壊、環境問題に関心を持つ。1998年定年退職し、福島県南会津郡田島町で暮らす。編著に『田舎暮らしの達人たち』（晶文社、1998）。

旅のつづきは田舎暮らし　僕とカミさんの定年後・南会津記

2005年6月15日　第1版第1刷発行

著　者　岡　村　健
装丁者　鈴木佳代子
イラスト　岡　村　綾
発行者　山　下　武　秀
発行所　株式会社 風　土　社

〒101-0064　東京都千代田区猿楽町1-2-2日貿ビル2F
書籍編集部：TEL 03-5281-9537

印刷所　株式会社 東京印書館

ISBN 4-938894-74-2
Printed in Japan